次世代に伝えたい
原子力重大事件&エピソード

Sueo Iitaka
飯高季雄 著

日刊工業新聞社

はじめに

「戦争の世紀」、「民族自立の世紀」、「革命の世紀」、「災害の世紀」、「宇宙の世紀」……。20世紀をひとくちに言い表すことは難しい。立場立場で、人それぞれで違うからである。私は、それらに、「原子力の世紀」を加えたい。

この「原子力の世紀」もさまざまな出来事に彩られた。エックス線の発見から始まった放射線利用は、やがて核分裂の発見レースの時代へと突入、科学者たちの知的興奮を極限まで高めることに成功する。その探究心は第二次世界大戦直前でピークを迎え、原子爆弾へと結びついていく。戦後は一転、原子力の平和利用、とりわけ発電利用がスポットを浴び、人びとはその電気の恩恵に浴するようになる。

本書では、各国の原子力発電導入の歴史に触れている。読者は、その足跡をたどることで、天然ウランを燃料とする原子炉からスタートした各国の原子力開発が、運転実績や技術の進歩、独創的なアイディアなどの導入によって、各国各様の原子力発電国として変貌していったのかを目の当たりにすることができよう。

世界ではいま、三一か国で約四三〇基の原子炉が運転中だ。その原子力発電は、発電過程で、地球温暖化の元凶となっている二酸化炭素が発生しないことから、原子力発電を導入する国は今後、さらに増えることが確実視されている。

明るい展望が広がりつつある原子力発電だが、人びとの原子力発電に向ける目はいぜんとして厳しい。それは、原子力先進国と目されてきたアメリカ、ソ連（＝当時）という二大超大国で発生した事故が影を落としている。具体的には、スリーマイル島原子力発電所事故と、チェルノブイリ原子力発電所事故である。日本でも、核燃料加工施設ジェー・シー・オー（ＪＣＯ）で発生した臨界事故では、日本の原子力開発史上初の犠牲者を出している。このようなことから、人びとの原子力への不安感が払拭されるまでにはまだ多くの時間を必要としている。

視覚、聴覚、味覚、嗅覚、触角と、原子力は、人間の五感では感知できないことも理解が深まらない障壁となっている。日々の生活から社会活動まで、理屈よりも、五感で大半の問題を処理することが多い私たちにとって、五感が役立たない原子力は、摩訶不思議な世界となっている。また、一度聞いただけではとうてい理解できそうもない原子力の単位も、近寄り難い壁を形成している。とどのつまり、原子力の世界とは無機質で、人間のにおいがしない、別次元のことのようにみえる。

本書はこういった反省の上に立っている。したがって、原子力利用にかかわる原理や科学的な説明はできうる限り排した。人を前面にすえ、かつストーリー性を打ち出すことで、原子力との距離感を少しでも縮めるよう意を配した。このため本書では、原子力黎明期の「事始」に焦点をあてている。当時の人びとの息づかいが聞こえるように、躍動する動きがわかるように試みた。意をくみとっていただければ幸いである。

なお、本書は通常の本のように、章を順次進むのに従い、展開を深めるという形をとっていない。基本的には、どの章や節から読んでも完結するスタイルをとっている。従って、読者は関心ある項目から自由に読み進めていただきたい。また、ページ上の制約から索引をつけていない。その代わりとして、巻末に時代的背景を立体的に知ることができる「年表」を付けた。出来事や項目から本文箇所を容易に導き出せるように、ページ数も合わせて明示しておいた。

本書の刊行には多くの方々のご協力を得た。元『原子力工業』編集長で現在、原子力エディターの中原和哉氏と編集者の大石龍生氏には本書の企画段階からお世話になった。また日刊工業新聞社出版局の木村文香氏には、書名のネーミングから編集制作上の一切で、ご面倒をおかけした。本書の出版企画が具体化して五年余り。三氏には改めてお礼を申し上げる。

二〇一〇年三月

飯高季雄

目次

第二章　各国で動き出す原子力平和利用――――65

第四章　原子力報道を考える――171

第五章　内外の原子力事故から学ぶ――189

序　章　原子力時代の幕開け

――予言者　レオ・シラード

20世紀を象徴する原子力。このミクロな世界に隠された驚異のエネルギーに魅せられたのがレオ・シラードである。生まれ育ったハンガリーを出発点にして、銃火を避けて欧州各地を流浪、さらに海を渡り、イギリス、アメリカと渡り歩き、ドイツのナチより早い核兵器開発の必要性を関係者に訴えていく。本書は、世界で最初に「原子力」という新しい井戸を掘った流浪の科学者・シラードにまず焦点を当てる。

○核を恐れた最初の科学者

キュリー夫妻がラジウムを発見した一八九八年、レオ・シラードはハンガリーのブタペストで二月一一日、土木技師の子として生まれた。三人兄弟の長男として育った幼少期のシラードは神経質で身体が弱く、学校を休みがちだった。このため両親は家庭での教育に力を入れた。一〇歳になると、シラードは、ブタペスト大学に接続している中等学校（ギムナジウム）に入れられた。

シラードは予言するのが得意だった。一六歳のとき、第一次世界大戦が勃発したが、オーストリア＝ハンガリー帝国が負けることを早くから予測し、クラス仲間を驚かした。

シラードの興味は、理数系の教科にあった。実際、数学では顕著な成績を残した卒業生に贈られる「エトベッシュ賞」を受けている。だが、最も好きなのは物理学だった。物理学で将来を切り開くことを望んでいたが、当時、ハンガリーでは、物理学を学んでも高校教師程度の職しかなかった。このため、シラードは、物理学よりも融通のきく化学の道に進むことを決心する。将来、好きな物理の世界に復帰する際にも、プラスに作用するのではないかと考えたからだ。

だが、ここでも、化学で生計を立てていくことは難しいという周囲の声に押される。最終的につぶしが効く電気工学を専攻することを決め、当初のブダペスト大学ではなく、ハンガリー工科大学（キング・ジョセフ工科大学）に入学する。大学での勉強に力を入れ始めたのも束の間、こんどはオーストリア＝ハンガリー帝国の兵士として徴兵された。ギムナジウムの卒業生ということで、陸軍士官学校に入れられた。科学的素養に恵まれていたシラードはここで、教官の能力を超えた内容のことでさえ、的確に説明できたため、周囲から一目置かれる存在となった。士官学校を上位の成績で卒業することができた。

卒業後、ドイツ国境のキャンプに配属されるが、そこでシラードはスペイン風邪に倒れる。何とか休暇願いをかちとったシラードは、戦線を離脱し、生まれ育ったブダペストの病院に入院し、治療に専念する。この間、シラードは、自分の所属していた連隊が前線に送られ、厳しい戦闘で戦友たちが全滅してしまったことを知らされる。

大戦後の一九一九年。混乱の中、ハンガリーでは共産政権が樹立された。この戦争を通してハンガリーと自分の将来について考えたシラードは、母国ハンガリーを去り、世界でも有数の都市であるとともに、学問レベルで世界をリードしているドイツへ行くことを決意する。そしてベルリン工科大学に入学する。

そこでシラードは、ブタペストとベルリンとの間に横たわる学問と研究環境の落差に驚かされる。いったんはあきらめかけた物理学への道だったが、ベルリンでは隆盛をきわめていたのだ。なかでもベルリン大学には、アルバート・アインシュタイン、マックス・プランク、マックス・フォン・ラウエなど、そうそうたる教授陣が顔を並べていた。またベルリン郊外にあるカイザー・ウィルヘルム研究所には火薬の原料となる硝酸塩の製造方法を発明したフリッツ・ハーバー（ノーベル化学賞）が所長として若手の研究者を指導しているなど、その高い科学技術はドイツの国力を高めていた。

このベルリンの状況を目の当たりにして、シラードは電気工学への熱意を失った。同時に、一〇代からの夢だった物理学への関心が再び頭を持ち上げてきた。

一九二一年、二三歳になっていたシラードは、ベルリン工科大学をやめ、ベルリン大学に移った。

○充実した日々

当時のドイツの大学は、好きな大学に自由に行けた。高校を卒業していれば、無試験で大学に入学できた。ベルリン大学も同様で、卒業まで、関門となる試験は一つもなかった。学生は、自分の興味のある学問を自由に勉強することができた。ただし、卒業論文ではオリジナリティが要求された。そのテーマは自分で探してくるか、指導教授に依頼するかのどちらかだった。

ベルリン大学に入学したシラードは、アインシュタインのゼミに参加する。そこでの討議を通して、シラードは自分の研究テーマについて構想を膨らませていった。

シラードはあるとき、理論物理学の教授だったラウエのもとへ行き、博士号の学位を得られる課題を提示してくれないかと頼んだ。ラウエは、考えた結果、相対性理論の分野から、シラードにテーマを与えた。

論文テーマが決まったシラードだが、この命題で悪戦苦闘した。「遮二無二に解こうとしたが、一向に進まなかった」。当時の状況を振り返って、こう回想している。光明を見出せないまま半年が過ぎ、一九二一年もクリスマスの季節を迎えていた。一向に解けない問題に匙を投げ、「クリスマスは仕事をするときではない。遊んで過すときだ」と腹をくくり、相対性理論とはまったく関係のないことを考えるように自らを仕向けた。

一時的にせよ、論文の束縛から解放されたシラードは、気晴らしに長い散歩に出た。

途中から何かが変わり始めたことを感じとった。頭の中では次から次へとアイディアが浮かんでくるのがわかった。散歩から帰ると、それをいち早く紙に書きとめた。翌日、目覚めるとまた、新しい考えが湧き上がり、心の中で結晶化した。散歩に出ると、またアイディアが浮かび、それらをメモした。

シラードはこのときの状況を「人生で最も創造的な時期で、アイディアの持続的発展がみられた」と表現している。このアイディアの奔流は、全理論が完結するまで続いたと記している。

ほとばしるアイディアをもとに、シラードは三週間余りで論文を書き上げた。だが、そのテーマはラウエから与えられたものではなかった。このため、シラードは論文の提出をためらった。悩んだ末、アインシュタインのもとに相談にいった。アインシュタインはシラードの論文に興味を示した。

自信を得たシラードは、授業の合間にラウエに近づき、結果的にラウエから与えられた課題ではなかったことを弁解しつつも、博士論文としてふさわしい内容のものかどうかと、論文の査読を申し出た。ラウエは当惑しながらも、論文を引取った。

翌朝早く、シラードはラウエから電話を受けた。「君の原稿は博士論文として受理されたよ」

一九二五年から一九三三年までの八年間、シラードはベルリン大学で「私講師」として在籍した。「私講師」は公に自分のクラスに登録してくる学生から授業料をとることができる制度で、当然のことながら、人気のある私講師ほど収入が多い。このベルリン大学にいる間、シラードはアインシュタインとの共同研究で、冷蔵システムに関し、七つのドイツ特許をとった。

○一日違いの幸運

ベルリン大学で研究生活を送る中でシラードは一九三二年ごろから、核物理学へ関心を抱くようになる。核分裂の理論にとり憑かれるようになる。漠然としながらも、核分裂の軍事利用の可能性について軸足を置くようになる。

当時、自然が原子核の中に巧みに隠し持っているエネルギーについての理論は、多くの物理学者の知的興奮を呼び起こすのに十分だった。問題は、いかにしてそのエネルギーを引き出すかだった。

一九三三年一月、ドイツではナチ党（国民社会主義者）を率いるアドルフ・ヒトラーが政権についた。四月には公務員新法がドイツ全土で公布され、数千人のユダヤ人学者や科学者がドイツの大学から追放された。予見能力があり、ユダヤ系ハンガリー人だったシラードは、ヒトラー政権がもたらす将来が見渡せた。日増しにユダヤ人に対する迫害が厳しくなっていった。

シラードはカイザー・ウィルムヘルム研究所の職員宿舎に移った。鍵一つで、いつでも立ち去ることができるように、二つのスースケースを部屋の中央に置いたままにしておいた。そしてドイツを脱出する決意を固める。

一九三三年四月初旬、シラードはベルリンからウィーン行きの列車に乗った。車内はガラガラだった。何の障害もなく、ウィーンに着くことができた。運がよかった。なぜなら、翌日に運行された同じ列車は超満員な上、国境では列車が停止させられ、全員が降ろされ、ナチスによって、一人一人が尋問されたからだ。

この間一髪の脱出行についてシラードは後日、この出来事から得られた教訓を次のように述懐している。「成功したければ、他人より一日だけ早く行動することだ」。シラードはベルリン脱出から二か月後の五月、イギリスにわたることに成功する。

○突然のひらめき

ロンドンに移ってから四か月後の一九三三年九月一二日、シラードはロンドンのサザンプトン通りの交差点で信号待ちをしていた。赤信号から青信号に変わり、道路を横断した時、突然、一つの考えがシラードの頭を占拠した。

「もし中性子によって元素が分裂し、その割れた元素から一個の中性子が放出されるとなれば、そのような元素を大量に集めれば、連鎖反応を維持することができるのではないか」

このアイディアはその後、シラードの頭から離れることはなかった。シラードは、原子の内部に潜むエネルギーの放出について、さらに推理を発展させていった。

それから間もなく、フランスのジョリオ・キュリー夫妻が人工放射能を発見した報に接するに及んで、連鎖反応を探る手段が目の前に迫っていることを悟る。

シラードは、自分でさえも気づいたのだから、ドイツにいるかつての同僚たちも、この核分裂の連鎖反応についての考え方に到達しているに違いない。そして、ヒトラーがすでにその兵器の開発を推し進めているのではないか、という脅迫観念に襲われる。

気が気ではないシラードはロンドンで、軍に働きかける行動に出る。イギリス陸軍高官と接触する機会をもったが、その将校はシラードの言っている内容が理解できず、空振りに終わる。だが、海軍が興味を示し、シラードの主張を受け入れたものの、その後の進展は梨の礫だった。

○押し寄せる軍靴の足音

一九三六年になるとスペインで内戦が勃発、欧州地域での政治的不安定さが一段と増した。戦争への足音がいっそう高まった。

ロンドンに落ち着いた感のあるシラードだったが、来るべき戦争によって、このイギリスも安住の地ではなくなると判断、一九三七年、アメリカに渡ることを決意する。まもなく、それは実現する。

一九三九年九月一日午前四時四五分、ヒトラーは全軍にポーランドへの侵攻を命じる。圧倒的なドイツ軍の前に、ポーランド軍はまたたく間に制圧された。その二日後の九月三日、イギリスとフランスがドイツに宣戦布告、戦争は欧州全土に拡大。ドイツ軍はその主力部隊を英仏と対峙するため西部戦線に投入する。翌一九四〇年六月、ドイツ軍はパリを占拠、フランスはドイツに降伏し

レオ・シラード

た。

ドーバー海峡にはさまれているとはいえ、ドイツ軍のイギリスへの空爆は激化の一途をたどった。莫大な爆弾を投下されたロンドンでは、多くの市民が犠牲になり、イギリス国民に抜き難い恐怖感を与えた。ロンドンでは地下鉄以外に避難場所がなかったことも、犠牲者の数を増やした。市民の多くは自宅で空襲に耐えたのだ。欧州大陸から逃れてきた科学者にとって、英国も、もはや静かに研究や思索に打ち込める環境にはなかった。

○大統領への直訴状

イギリスからさらに西へ、アメリカに渡っていたシラードは、今度はアメリカ政府に核分裂反応による新型爆弾の実現を訴えるようになる。当初、相手にされなかったシラードだったが、飽くことない、かつ執拗なアプローチによって関係者の関心を呼び、徐々に耳を傾けてくれるようになった。

そのシラードの予言を決定的なものとしたのが、一九三八年一二月、ベルリン大学のオットー・ハーンとフリッツ・シュトラスマンの二人が核分裂を発見した出来事からである。二人はウラン元素に中性子を当てると、分裂が起こることを発見したのだ。さらに、フランスのジョリオ・キュリーの研究チームも、ウランが核分裂すると、一個以上の中性子が放出されることを突き止める。シラードの思いついた理論は、次々と証明され、疑いの余地のない理論となった。

だが、核分裂による新型爆弾の製造には、莫大な資金と多くの人材を必要とする。そして開発に多くの時間を要する。

「ナチより早い新型爆弾の完成」を訴えるシラードは、世界の大国であるアメリカを動かすには、大統領に直接、手紙を出すのが近道として、すでにアメリカに亡命していたアインシュタインを動かし、ルーズベルト・アメリカ大統領に手紙を出すことを計画する。その中でアインシュタインは、ナチス・ドイツが核分裂による新型爆弾を作っている可能性を指摘、これに対抗するため、早急に行動を起こすように求めた。この文面はシラードが長い文面と短い文面の二枚を草稿し、アインシュタインが長文の方を選び、サインしたものといわれている。

手紙は次のように訴えている。

「F・D・ルーズベルト大統領閣下

E・フェルミとL・シラードによってもたらされた最近の研究成果によると、ごく近い将来、ウラン元素が新しいかつ重要なエネルギー源となることが強く予想されます。

これによって引き起こされる幾つかの側面について、政府は注視すると同時に、必要ならば、機敏な措置をとる必要があります。以上のことから、閣下に次の事実に注目していただくことが、私の義務と考えます。

この過去四か月の間に、フェルミやシラードだけでなく、フランスのジョリオ・キュリーの研究によっても、次のことが有望となりました。それは、大量のウランの中で、核連鎖反応を発生させることが可能になったことで、巨大なエネルギーとラジウムに似た新元素が大量につくられるということです。近い将来、これを実現できるのは、ほぼ確実とみられます。

初めて発見されたこの現象は、結果として爆弾の製造にもつながっています。きわめて強力な新型爆弾の実現が可能です。この新型爆弾一個を船で運び、港湾で爆発させれば、港湾のみならず、周辺地域の一部も破壊するでしょう。このような爆弾は、おそらく航空機で運ぶには重すぎるでしょう。

アメリカには、質の悪いウラン鉱石が多少あるにすぎません。カナダとチェコスロバキアには良質のウラン鉱石が多少ありますが、最も重要なウラン産出地はベルギー領コンゴです。

以上のことから考えると、政府と、アメリカで核連鎖反応について研究している物理学者グループとの間で、恒常的な接触を保つことが望ましいと考えます。実現する一つの方法は、閣下の信任を受け、おそらくは非公式の立場で仕事ができる個人に、この任務を委嘱することでしょう。この任務には次の事項が含まれます。

（a）各省に出入りし、今後の開発に向け、たえず情報を提供し、アメリカが必要とするウラン鉱石の供給確保の問題に格別に注意を払うこと

（b）もし資金が必要であれば、喜んで寄付しようという個人との接触を通して、資金を提供してもらい、また、必要な設備をもつ企業の研究施設の協力を得ることによって、現在、大学の研究室予算のなかで行われている実験を加速すること

ドイツは、同国が接収したチェコスロバキアの鉱山から産出するウランの販売を実質的に停止したものと思われます。ドイツがこのように早めの措置をとったことは、国務次官の子息であるフォン・バイツゼッカーがベルリンのカイザー・ウィルヘルム研究所に所属していること、アメリカで行われたウランに関する研究の一部が現在もそこで繰り返し行われていることを考えれば、たぶん理解できるでしょう。

アルバート・アインシュタイン」

手紙の日付けは一九三九年八月二日となっているが、実際に手紙がルーズベルト大統領の手に渡されたのは一〇月に入ってからとされている。

○ウラン委員会の立ち上げ

アインシュタインの手紙を読んだルーズベルト大統領は一九三九年一〇月二一日、ウラン委員会をスタートさせる。委員長には国立標準局長のライマン・ブリッグズが任命された。メンバーは陸海軍からの代表二名、学界からはシラードら三人など、合計九名が参画した。

会議では陸軍代表がシラードなどの意見に不満をぶつけた。「新型爆弾を作って国防に重要な貢献をできると考えるのは甘い。仮に新兵器ができたとしても、それが役立つものかどうか判断するには、ふつう、二回の戦争を経験しなければわからない。そもそも、戦争を勝利に導くのは、兵器ではなく、軍隊の士気だ…」

これに対し、シラードの友人で、同じハンガリー出身の理論物理学者、ユージン・ウィグナー（一九六三年ノーベル物理学賞）はシラードを援護した。「兵器には金がかかる。ゆえに陸軍には多額な歳出が必要なのだと思っていた。だが、戦争を勝利に導くのは兵器ではなく、士気だといわれる。もし、それが正しいのなら、陸軍の予算は見直すべきで、削減すべきだ」。

このウィグナーの発言で、陸軍代表は主張を弱めた。

委員会は一一月一日、大統領宛の報告書をとりまとめた。その中には次のような一文があった。「もし、その反応が爆発性のものならば、これまで知られているどのような爆発物と比べても、はるかに大きな破壊力をもった爆弾となろう」。その上で委員会は、「徹底的な調査研究のための十分な支援」を勧告した。

アインシュタインの手紙は大統領を動かした。委員会は、その一歩となるものとなった。アメリカの原爆計画である「マンハッタン計画」へと結びついていくことになる。

○学会誌から消えた核研究の論文

科学の発展は学会誌や科学誌に負うところが大きい。『フィジカル・レビュー』『ネイチャー』『サイエンティフィック・ペーパー』『コント・ランデュ』などの学術雑誌である。科学者は実験によって新たな発見や事実を見つけると追試し、競ってそれらの媒体に投稿した。それらの発表は自分の業績であると同時に、学問に生きる学者としての地位と名誉を示すバロメータでもあるからだ。当時の物理界はまさに日々発見の連続であったから、このような学者や専門家にとってそれらの雑誌は必読本だった。まさに進歩の生命線でもあった。

この研究生活に欠かせない学術雑誌に、シラードは切り込んだ。同じフィールドで活動している学者たちに、ドイツの核開発を阻止するため、これらの雑誌に核分裂研究に関する論文を差し控えるよう要請したのだ。とうぜんのことながら、発表する権利の侵害だと学者の間から非難の声が上がった。だが、次第に、シラードの言葉に耳を傾ける物理学者や編集・発行責任者が相次いだ。シラードの熱意によって、これら物理関係の雑誌から核反応に関する論文が「消えた」。この現実は、ドイツ学界からではなく、思わぬところから疑念を呼び起こすきっかけとなった。ソ連である。

ソ連を代表する物理学者であるイーゴリ・クルチャトフらは一九四〇年、『フィジカル・レビュー』誌にウランの自然崩壊についての観察記事を投稿した。論文は同誌六月号に掲載された。通常だと、発行と同時に各国の物理学者から反応が寄せられるものだが、このときは外国からの反応がほとんどなかった。とりわけ、アメリカからの反応は全くなかった。不自然に思ったクルチャトフは、定期購読している西側の学術雑誌をチェックしてみると、核に関連する記事が極端に少なくなっていることが判明した。

この事実からクルチャトフは、「アメリカでは、何かわからぬが、核に関する秘密プロジェクトが進行しているに違いない」と気づく。この現実を契機に、ソ連は西側、とりわけアメリカの動静に特段の注意を払うようになる。核に対する情報収集に力を入れるようになる。

○亡命受け入れに東奔西走

シラードは、滞在したイギリスや亡命したアメリカの地で、欧州各国から逃れてくる多くの科学者の受け入れに東奔西走した。一九三九年九月、ドイツ軍のポーランド侵攻によって欧州各地で戦線が拡大するのに比例して、アメリカへの亡命科学者が急増した。

シラードは、政府や大学に働きかけ、欧州からの科学者受け入れに力を注いだ。その亡命者は一九四一年までに一〇〇名近くに達した。その中には、「水爆の父」と呼ばれるエドワード・テラー（ハンガリー）、世界初の原子炉を成功させたエンリコ・フェルミ（イタリア）など、名だたる科学者がこの新大地を踏んだ。これらの亡命科学者が、その後のアメリカの科学界に広く貢献したことは疑うべくもない。

○日本への原爆投下に反対

シラードはアメリカの日本への原爆投下に反対した科学者としても知られる。

あれほど原爆製造に執念をもっていたシラードだが、原子爆弾が完成する段階になると、その投下は慎重に進めるべきだという考えに傾いていた。もし爆発させるなら、無人島といった住民のいない地域で行うことを強く主張した。

原爆完成時の一九四五年七月の時点で、すでにドイツは降伏しており、欧州での銃火は止んでいた。残る日本も、連日の空襲で疲弊していた。とりわけ一九四五年三月一〇日の東京への空爆は熾烈をきわめた。三三四機の大型爆撃機（B29）が莫大な爆弾を投下、多くの市民が犠牲になった。日本の制空権は、もはやアメリカの手に落ちていた。日本の降伏は時間の問題だった。

にもかかわらず、日本の都市への原爆投下が浮上していたのだ。「戦争を早期に終結させるため」だった。

これを知ったシラードは、日本への原爆使用を断固反対した。あらゆる手段を講じて、投下を阻止する動きに出た。制空権を失っている日本の都市への原爆使用は人道上許されないばかりか、原爆を炸裂させれば、ソ連との軍備拡張競争を引き起こすと指摘、原爆の不使用を訴えた。

シラードに刺激されたシカゴ大学の冶金研究所でマンハッタン計画に加わっていた科学者集団は、このシラードの行動に触発され、「罪もない一般市民を巻き込む原爆投下」に反対した。一九四五年六月、この冶金研究所内に非公式な委員会が組織され、多くの科学者が参加した。ノーベル物理学賞受賞者であるジェームズ・フランクを委員長とすることから「フランク委員会」とよばれたその委員会は「日本への無警告投下は、いかなる見地からも認められない」とする報告書を作成した。この「フランク・レポート」には、七〇名の科学者が署名した。

レポートは、原子爆弾の爆発実験を、国際機関代表者の立ち会いのもと、場合によっては日本の代表団を招いて行うことを求めた。その一方で、ロスアラモス研究所長として原子爆弾の完成を指導したジョン・オッペンハイマーなどからは、「技術的なデモンストレーションで日本との戦争を終結できるとは思わない。直接の軍事的使用以外に受け入れ可能な選択肢はない」との反発が出るなど、賛否乱れての声が沸騰する。

結局、「できるだけ多数の市民に深刻な心理的印象を植え付けさせる必要性から、多数の労働者を雇用している重要な軍需工場がある都市」が投下目標地となった。

シラードは、日本の都市への原爆使用を避けるため、このときも、その請願書を米大統領へ直接訴える行動に出る。だが、マンハッタン計画の責任者であるグローブズ将軍に差し止められ、また、ルーズベルト大統領の急死によって、直接、請願書を大統領へ手渡す試みは消失してしまった。

結局、次期大統領に就いたトルーマンによって、広島と長崎へ原爆投下が決定されることになる。

○「アルソス」調査団

ナチス・ドイツが世界に先駆けて原子爆弾を手にするのではないか。シラードは、これを回避する一念から、祖国ハンガリーを脱したのを皮切りに、ドイツ、イギリス、アメリカと、国々を渡り歩いてきた。

この脅迫観念にとりつかれたのは、シラードだけではなかった。それは当時の多くの人たちが抱いていたドイツに対する暗黙の「常識」に起因していた。「ドイツ科学は世界の中で最も優秀である」という認識である。それゆえ、アメリカやイギリス、フランスは、一秒一刻を競って、原子爆弾の完成を急いだ。シラードの訴えも、人びとの心を動かした。欧州大陸を追われた科学者はアメリカで、「ナチス・ドイツより先に」というスローガンのもと、ひたすら開発を急いだ。

シラードとともにナチス・ドイツの実力に脅えていたのは、他ならぬ「マンハッタン計画」の責任者、グローブズ将軍その人だった。

当時、ドイツの科学界は、世界の先陣を走っていた。これは誰でも認めることだった。核分裂を発見したのはオットー・ハーンであるし、連鎖反応の理論を最初に発表したのもドイツ人科学者である。著名なハイゼンベルクもいる。当然、核反応による新型爆弾の実現に、ドイツが最短距離に位置していることは衆目の一致するところだった。ライバルであるアメリカやイギリス、それにフランスよりもドイツが原爆を先に手にするのではないか、と思うのは自然の流れだった。ヒトラーがたびたび声高にいう「秘密兵器」という言葉も、それを裏付けるものとなった。

実際はどうなのか。真相を明らかにするため、グローブズ将軍は、連合軍が反転攻勢に出た一九四二年末から一九四三年にかけて、連合軍の最後尾につく形で、科学情報調査団（アルソス）をドイツ圏内に派遣した。この軍と科学者からなる調査チームは、当時、ほんの一握りの関係者しか知らなかった。原爆開発の実相を探る目的だったため、活動は極秘中の極秘として進められた。付けられた「アルソス」という名は、「グローブズ」のギリシャ語からとられた。

真相は違っていた。アルソスで科学部門の責任者を務めたサムエル・A・ハウトスミットは、アルソスが任務を終えて正式に解散した二年後の一九四七年、調査の実態を書物（邦訳『ナチと原爆』〈海鳴社〉）として著している。長らくアメリカ物理学会誌の『フィジカル・レビュー』の編集長を務めた経験があるだけに、その指摘は示唆に富む。

「戦争が終って二年以上経ったきょう（一九四七年）でも、科学や軍事の専門家の間でさえ、われわれが原爆の秘密を追ってドイツと危険なレースに従事し、間一髪の差でゴールにたどり着いたのは奇跡的であったと信じている人びとがなお多い。しかし、この競争はむしろ一方的だった。状況はわれわれが当時思っていたほど危険なものではなかった。ドイツ側が原爆の秘密に近づいたことはまったくなかった。かれらはどうやって連鎖反応を起こすことができるかをまだ知らなかった。どうしてプルトニウムを作ったらよいのかも知らなかった。ドイツ人は、その典型的なドイツ的尊大さから、自分たちが原爆を作れない限り、他の何人もできないはずだと考えていたにすぎない」

「アメリカとイギリスで核開発に成功したのに、なぜドイツでは失敗したのか。ファシズムのもとでの科学は、民主主義での科学と対等ではない。民主主義が無器用に手探りしているところでも、全体主義はものごとをきちっとやることができる。戦争に直接寄与する科学の分野では、ナチスは確実にすべての回り道を切り捨てて、無常で無比の効率で前進することができる、と信じている人びとがわれわれの中に、いまなお、あまりにも多い。これほど真実からほど遠いものはない」

「ドイツでは英雄崇拝があった。たとえばハイゼンベルグは世界的な名声を博したドイツにおける最高の原子物理学者であるため、若い優秀な物理学者でも、この大家の言に疑問をもつことなど考えられないことだった。しかし、科学は独裁主義者のものではない。科学的思考はボスによって左右されるものではない。科学研究は試行錯誤の連続であり、多くの人びととの協議と是正の産物である。若い科学者の方が正しく、ハイゼンベルグが間違っているということは、つねにありうることだ」

「流浪の科学者」シラードのひらめきと直観力は終生、失われることはなかった。シラードは先を読むことの早さから、周囲からは独断・先行の奇才と見られた。物理学上の発見競争が落ち着いた戦後は、一転、分子生物学者として新たな分野に手を染める。

このシラードという人物に魅かれた一人に伏見康治・元日本学術会議会長がいる。翻訳した『シラードの証言』（みすず書房、一九八二年）の「あと書き」の中で次のように記述している。「私はレオ・シラードに特別な関心を持っている。自分に似ていることを感じるからであろう。…（略）私は、原子核実験にいささかたずさわったという点でシラードに似ている。統計力学の基本原理にこだわったという点でシラードに似ている。広島以後、核兵器を始末してしまわなければならないと決心して、色々なことをしたという点で、シラードに似ている」。一九五二年、日本学術会議の場で「原子力平和利用三原則」を茅誠司とともに提案し、採択することに成功する伏見の活躍は、「日本のシラード」といえなくもない。

第一章　科学の壁を切り開いた人たち

シカゴ・パイル——エンリコ・フェルミ

○フェルミを救ったノーベル賞

一九三八年のノーベル物理学賞に輝いたエンリコ・フェルミ。イタリア・ローマ大学物理学の教授であったエンリコ・フェルミは、ノーベル授賞式に出席したスウェーデン・ストックホルムからの帰路、妻ローラ、二人の子供たちとともに、そのままアメリカに亡命した。ユダヤ人の妻の身を案じたからだ。

イタリアではファシストのムッソリーニ政権が反ユダヤ法を成立させていた。ユダヤ人の教師は職を失い、子弟は公立学校から排除された。ユダヤ人の医師や法律家などの専門家は、同じユダヤ人相手なら仕事を続けていくことができたが、さまざまな妨害などにあって、多くの専門家は事業を縮小するか、廃業に追い込まれた。ユダヤ人は一般市民並みの権利をもつことができなくなった。国外に逃れる方法もあったが、イタリアを永久に離れる人は、わずか五〇ドル相当の金の持ち出しが許されるだけで、後の財産はすべて没収された。ユダヤ人の海外渡航は厳しく制限された。

フェルミはカトリックだった。このため、妻や子供も差別から逃れることができた。

フェルミはノーベル賞を受ける一年前の一九三七年から、イタリアを離れ、アメリカの大学で研究生活を送る腹を固めていた。その日のために、フェルミは、アメリカの大学に打診していた。その結果、複数の大学から受け入れ可能との返事をもらっていた。あとは、いつ訪米するかだけだった。

二五歳でローマ大学理論物理学の教授に選出されるなど、フェルミはイタリア国内では十分に知れわたっており、国際的にも著名な物理学者として名を馳せていた。それまでもたびアメリカなど海外の大学に出向き、熱力学の講義などを行なっていた。脱出計画は、コロンビア大学からの招聘に応える形をとった。大学からは、六か月を超える滞在となるため、観光ビザではなく移民ビザで渡米するよう要求されていた。慎重な行動によって、家族のパスポートは無事、入手できた。ノーベル授賞式に出席後に渡米、コロンビア大学で講義を行なった後、再びイタリアに戻る、というのが表向きのスケジュールとなった。

当局から疑いの目を向けられないよう、計画は周到に練られた。家財道具を売り払ったり、預金のすべてを解消したりすると目立つので、すべてがそのままの状態に保たれた。貴金属の購入や所持も危険なのでやめた。

フェルミにとって幸運だったのは、ノーベル賞の名誉もさることながら、その賞金が自由にできることだった。持ち出せる外貨が少なかったため、まさに天の恵みとなった。当座の支出はこのノーベル賞の賞金で賄うことができたからだ。

○世界初の原子炉

一九三九年、フェルミはやはり欧州のハンガリーからアメリカに逃れてきたシラードとともに、コロンビア大学の物理実験室で連鎖反応の予備実験を繰り返していた。その結果、ウランの核分裂連鎖反応について、中性子を純度の高い黒鉛で減速してやればよいことを発見する。翌一九四〇年には連鎖反応の実験に入っていた。その後、アメリカは第二次世界大戦の突入によって、原子爆弾の開発を目的とするマンハッタン計画がスタートするに及んで、フェルミはシカゴ大学に移った。

このシカゴ大学の冶金研究所にはプルトニウムを発見したノーベル化学賞のグレン・シーボーグが化学部長として、所長にはこれまたノーベル物理学賞のアーサー・コンプトンが着任するという錚々たるメンバーが顔を連ねていた。全米から優秀な頭脳が集結、急ピッチで研究開発が進められた。

このような環境の中でフェルミは原子炉建設の計画を推し進める。建設は一九四二年一一月一六日、シカゴ大学フットボールスタジアムの下にあるスカッシュ・テニスコートでスタートした。二組のチームが昼夜兼行で原子炉づくりに励んだ。この秘密の原子炉は一一月末にはほぼ完成した。「原子炉」は一見、黒鉛の山のように見えた。五〇トンの天然ウランを取り囲むように、五〇〇トンの黒鉛のブロックが積み上げられていた。この原子炉は、「積み重ね」の意味「パイル」から、「シカゴ・パイル」と呼ばれた。

「シカゴ・パイル」は一九四二年一二月二日、臨界実験に入った。当日のシカゴは氷点下の厳しい寒さと雪で覆われた。それにもかかわらず、世紀の実験の推移を見守ろうと、シラードをはじめ三〇人近い科学者が、人類初の原子炉であるこの「シカゴ・パイル」に詰めかけた。多くは仕事を一緒にやった仲間だった。

午前一〇時、確認作業に入った。中性子を吸収するカドミウムの制御棒が引き抜かれていくと、カチカチという計数管の音が高まっていき、フェルミの計算通りに推移した。昼食をはさんだ小休止のあと、ふたたび実験が続行された。制御棒を引き抜くたびに、フェルミは愛用の計算尺を忙しく動かし、引き抜く制御棒の長さと中性子との関係を割り出した。恐ろしく静寂な時間が流れた。そして、フェルミは、臨界時間をそこにいるすべての科学者に予告した。

そして、午後三時二五分、予告通り臨界に達し、自身の理論の正しさを実証した。居合わせた人たちはめいめい、自分の紙コップにイタリアワインを注ぎ、フェルミに向け杯をかかげ、飲み干した。

この原子炉実験の成功によって、人類は核分裂という現象が、制御できることを内外に示した。画期的な実験となった。

○航海者と計算尺

フェルミによる臨界実験に立ち会ったコンプトンは首都ワシントンにいる国防委員会のジェームズ・コナント委員長（ハーバード大学総長）に、次のように電話したと伝えられている。

コンプトン：「ジム（コナント）、君が知りたがっていることだが、イタリアの航海者（フェルミ）がたったいま、新世界に上陸したところだよ。かれは予想より早く着いたよ」

コナント：「新世界の原住民は親切にしてくれたかね」

コンプトン：「みんな安全に上陸できて喜んでいるよ」

エンリコ・フェルミ

この会話は、臨界実験の成功を、コロンブスの新大陸発見になぞったものだが、奇しくも、この一九四二年は、コロンブスが新世界に向け、南スペインのパロスを出港した一四九二年からちょうど四五〇年の区切りでもあった。

なお、フェルミと計算尺の逸話として、一九四五年七月一六日、ニューメキシコ州アラモゴードで行われたプルトニウム爆発実験での速算が伝えられている。爆発の衝撃波が観測壕に達したとき、フェルミは用意していた紙片をポケットから取り出し、飛ばしてみた。紙片は二五〇ヤード飛ばされていた。フェルミはこの距離からTNT火薬一万トンの爆発に匹敵すると計算尺から割り出した。

このフェルミが作った原子炉はその後、プルトニウム生産炉として位置づけされていくことになる。

「核分裂は制御できる」。これこそがフェルミが原子炉実験で得た最大の収穫だったろう。瞬時に核分裂を起こせば爆弾になるし、ゆっくりと核分裂を起こせばエネルギーとして平和利用できる。このフェルミが作り上げた原子炉は今、世界で四三〇基余りが稼働している。

マンハッタン計画の推進者——レズリー・グローブズ

◯力量を十二分に発揮

グローブズは一八九六年、ニューヨーク州アルバニーに生まれた。一九一四年、ワシントン大学を卒業後、マサチューセッツ工科大学（ＭＩＴ）に学ぶ。一九一八年には、ウエスト・ポイントの陸軍士官学校を卒業。その後、陸軍工兵隊に入り、技術将校として訓練を積んだ。一九三九年に陸軍大学を卒業。

一九四二年九月、ルーズベルト大統領の承認を得て、原子爆弾製造計画（マンハッタン計画）の責任者に指名される。

この計画は大統領をはじめとするごく一部の人しか知らない国家的な機密計画だった。発足当初、計画内容はむろんのこと、議会は存在すら知らされていなかった。

早期の原子爆弾の実現を加速するため、グローブズは、全米各地の研究所や大学を訪ね歩き、原子力の最先端の動向を探った。その中で、計画への協力と人材の派遣を各機関に求めた。それは時と場合によっては強引ともいえる手法だったため、多くの科学者、技術者と軋轢を生んだ。その一つにシラードとの確執がある。グローブズがマンハッタン計画の責任者となり、脇目も振らず事業に邁進している初期、シラードとよく衝突した。グローブズは「オレが責任者」と振舞うのに対し、シラードは核についての新型兵器を考えついたのは自分であるから、まずこちらの意見を尊重すべきだと主張する。

グローブズはシラードを厄介者と烙印した。「雇用主なら、誰でもトラブルメーカーとしてクビにしてしまうような男」とシラードを酷評した。どちらも譲る気配はなかった。

グローブズは、こういった状況では、強引ともいえる手法で正面突破し、事業の円滑な推進に精力を注いだ。これは、グローブズには大統領のバックがあったこと、潤沢な資金が保証されていたことなどが影響している。全米から五万人近い人たちを動員できたのも、それを裏付けている。

いずれにせよ、マンハッタン計画が所期の目的が達成されたのは、管理者としてのグローブズの力量が十二分に発揮できたからだとされる。

○同時並行を容認

計画を進めるなかで、グローブズの目の前に立ちはだかったのは、ウランの分離・濃縮という問題である。当時、アメリカでは核分裂を起こすウラン235の濃縮技術をめぐって科学者間で論議が展開されていた。ウラン235は、自然界では〇・七％しか存在しない。残りの九九・三％は核分裂しないウラン238だ。だが、235と238は双子のようなもので、見た目はほとんどわからない。違いといえば、235の方が238よりもほんのわずか「軽く」そして「細身」なこと。その違いを利用して、235の濃縮度を高めようというわけだ。原子爆弾として効率よく爆発させるには、そのウラン235を一〇〇％近くまで高めなければならない。

濃縮技術としては、ガス拡散法、遠心分離法、電磁法などがあるが、まだスタートしたばかりだった。

レズリー・グローブズ

ガス拡散法はウランをガス化し、一連の多孔性の障壁を通過させることによって濃縮度を高めていく手法だ。細身のウラン235がかろうじて通り抜けることができるような孔を設けることで、濃縮を高めていこうとするものだ。このガス拡散法は、重水の発見でノーベル化学賞を受けたハロルド・ユーリー博士のもと、コロンビア大学が中心となって行われた。

遠心分離法はガス化したウランを高速で回転し、その遠心力を利用して、235より重い238を外周側に、比較的「軽い」235を中央部に集め、徐々にウラン235の比率を高めていこうとする技術である。この手法は、ピッツバーグのウェスチングハウス社（ＷＨ）の研究所が開発を進めていた。

電磁法は、ウランガスに磁場をかけ、強力な磁力でウラン235を分離・濃縮するもので、これまたノーベル賞を受賞したカリフォルニア大学バークレー校のアーネスト・ローレンス教授が推し進めていた。

一方のシカゴ大学では、エンリコ・フェルミ（ノーベル物理学賞）が原子炉の建設と取り組んでいた。どちらも、莫大な資金と人材を必要としていた。

ルーズベルト大統領の下に設けられたウラン委員会では、効率化を高めるため、これらの事業に優先度をつけることにしていたが、結果的には、そのどれもが、生き残った。委員会メンバーの一人でもあったグローブズは、全米各地に足を運ぶ中で、できるだけ、現場の声を聞き、かれらの仕事が円滑に進むように配慮した。またグローブズは、同時並行の研究開発は、一見、非効率でムダのように見えるが、結果的には相乗効果を生み、事業推進の早道であると考えた。このコストを無視した考え方は全米各地に作られた研究開発の現場で表面化した。重複した研究があちこちで展開された。

その一例は、オークリッジに作られたガス拡散濃縮工場にみることができる。濃縮施設に電気を供給する電線が引き込まれたが、電圧については、誰一人として知らされていなかったため、五種類の配電盤が設けられた。

○徹底した情報管理

グローブズは研究内容の機密保持を徹底させた。実験所間での研究者同士の移動も禁止した。他の部門の関係者との会話もまた、基本的に禁止された。自分の妻や家族にも自らが従事している仕事内容についてしゃべることが禁じられた。実際、グローブズの妻も、夫がどのような仕事に従事していたのか、まったく知らされていなかった。ヒロシマとナガサキへの原爆投下で初めて知ることができた。

また、規律を守るため、全員に制服の着用を求め、敬礼の徹底を図った。

こうした情報管理と規律の徹底ぶりは、ナチス・ドイツがアメリカより先に原爆を手にするのではないかというコンセンサスが当時の関係者に浸透していたことが大きく影響している。時間との戦いでもあったこの原爆製造計画では、経済性は脇に追いやられ、可能性のある研究開発は全て行われた。

グローブズという強烈な個性をもった責任者と、潤沢な開発予算によって、原子爆弾は一九四四年七月に完成した。

アメリカが「マンハッタン計画」に投資した資金規模は、当時のアメリカ国家予算の七分の一にも達した。新しい技術による新たな施設を建設する場合、ふつう、雛形となるパイロットプラントから出発し、その運転検証を経てから、より大型な実証施設、そして実用規模へとステップを踏むものだが、マンハッタン計画では、いきなり実用規模の施設が各地で建設された。これらは、コストを無視した開発によって可能となったものだ。まさにマンハッタン計画は、20世紀の壮大な実験だったといいえなくもない。

ＰＷＲを作った提督――ハイマン・リコーバー

○原点となった潜水艦体験

リコーバーは、加圧水型軽水炉（ＰＷＲ）の生みの親といってよい。いま、そのリコーバーが開発したＰＷＲは、世界で稼動中の原子炉の大半を占める。その先見性と行動力に称賛する声が強い。

リコーバーは一九〇〇年ポーランドで生まれた。六歳の時、家族とともにニューヨークへ移住。その後、シカゴに移る。一九二二年、アナポリスの海軍兵学校を卒業。一九二九年、コロンビア大学から修士号（電気工学）を取得。海軍での最終階級は大将。

一九二九年から三三年までの四年間、潜水艦勤務。この体験が、潜水艦の動力利用に原子力を応用することに確信を抱く。一九三九年、全海軍艦艇の設計・建造・修理を担当する艦船局勤務を命じられる。

陸軍が管理・推進したマンハッタン計画（原子爆弾開発計画）が成功したのに反し、海軍は早くから船舶動力への原子力利用に着目し、開発への計画を推し進めていたものの、その具体化には戦後まで待たなくてはならなかった。

○「潜水艦こそ原子力」の意志継ぐ

マンハッタン計画がスタートする三年前の一九三九年、海軍技術研究所研究員であったロス・ガンは、原子力のエネルギー利用こそ潜水艦の動力源にふさわしいと、たびたび上層部にもその考えを上奏していた。当時の潜水艦の動力源はディーゼルエンジン。酸素を必要としていたため、潜水時間には限界があった。潜水するときには電池を使い、使い切ると充電と酸素を取り込むため、海面まで浮上しなければならなかった。いうなれば、航行のほとんどを、海面上を走り、「緊急時」だけ、海面下に姿を消すことができた。原子力を動力源とすれば、酸素を必要としないから、潜水航行時間は飛躍的に伸ばすことができる。また、燃料も一回装荷するだけで一年以上も補給なしで航行できる。このため、原子力潜水艦の建造が急がれた。

だが、原子爆弾製造を最優先とする連邦政府の方針によって、潜水艦への原子力利用の開発だけは、事実上、ストップさせられていた。

このロス・ガンの意志を継いだのがリコーバーだ。リコーバーは潜水艦勤務などの経験から、原子炉を動力源とする原子力潜水艦の実現に奔走、具体化させていく。

一九四六年、リコーバーは原子力を学ぶ必要性から、発電用原子炉の実用化を目的とする「ダニエルズ・パイル」（ダニエルズ炉）計画に参画するため、オークリッジ国立研究所に出向く。海軍からはリコーバーを含め、五人の技術者が送り込まれた。ウィスコンシン大学のファリントン・ダニエルズ教授が考案したこの原子炉は、結局、さまざまな技術的課題に突き当たると同時に、原子炉の研究開発をアルゴンヌ国立研究所に一元化する再編もあって、閉鎖を余儀なくされる。だが、リコーバーはこのときの研究体験から、「原子力開発は九〇％が技術」に依っていることに気づく。この確信が後日、潜水艦にマッチした原子炉の実現をもたらすことになる。

○濃縮ウランでコンパクト化を実現

潜水艦の動力源を原子炉とする場合、「小さくて力持ち」が要求される。このコンパクト化は、濃縮ウランによって解決できた。天然ウランと違い、人工的に濃縮度が高められたウランは、効率的に燃えるからだ。リコーバーは、何度も実験を重ねることで、的確な濃縮度を割り出していった。濃縮ウランは天然のウランと比べ、単位あたりの熱出力が大きい。その分、小さくできる。加えて、取り出す熱エネルギーを高めるため、圧力が加えられた。圧力は冷却材の沸騰を限界まで抑えることができる。

この開発プロセスの中で、中性子の減速材として水（軽水）が機能することが判明、同時に冷却材としても水の利用が可能となり、経済性が一段と向上した。減速材と冷却材の両方で水が利用できることがわかったのだ。これまで天然ウランを燃料とした原子炉では、減速材として製造が高価で取扱いが難しい重水や、かさばる黒鉛が使われ、冷却材には炭酸ガスなどが使われてきた。

ハイマン・リコーバー

小型化した上でも出力が大幅にアップした「加圧水型軽水炉」（ＰＷＲ）がここに誕生す

る。リコーバーの執念が生んだ炉といえる。一緒に開発に参画したウェスチングハウス社（WH）の技術陣も、リコーバーのさまざまな要求に応えた。

○一〇倍に伸びた潜水航行時間

高温・高圧状態の原子炉は、通常の気圧状態にある密閉された潜水艦内部では、漏洩などの事故があったとき、致命的となる。放射能物質が周辺環境に飛び散ってしまうからだ。この高圧環境下での安全性は、さまざまな実験でクリアにされた。連邦政府も冷戦下での軍備拡張政策から原子力潜水艦の開発を重視、経済性を度外視した予算をつけて支援した。

横揺れ、縦揺れと、潜水艦ではさまざまな波動に襲われる。陸上での固定化された原子力施設とは違う。この日常的な揺れに対しては、陸上の振動試験によってデークが蓄積された。この実績が潜水艦への原子炉設置へと結びついた。

一九五四年一月、リコーバーは、世界初の原子力潜水艦「ノーチラス号」を進水させる。全長九七・五メートルのこの潜水艦の最大出力は、水上で二二ノット、水中で二三・三ノットだった。試験航海でノーチラス号はそれまでのディーゼルエンジンを搭載した潜水艦と比べ、潜水航行時間を一〇倍にまで伸ばすなど、数々の記録を打ち立てた。一七日にはテムズ河を渡る。その途中、「本艦、原子力にて潜航中」と発した信号は有名である。一九五八年八月には潜航しながら北極点を通過するのに成功した。このときは、「ノーチラス、北九〇度」と打電した。

これらの経験がＰＷＲの実用化を加速した。リコーバーとともに潜水艦の原子炉開発を担当したＷＨも、ＰＷＲ開発技術に自信をもった。

○世界初のＰＷＲ発電所

一九五三年一二月八日、国連総会でのアイゼンハワー米大統領によるスピーチ「平和のための原子力」を契機に、国内外で発電用原子炉を求める声が強まる。というのも、ソ連は翌一九五四年には、世界初の原子力発電所の運転開始を発表していたし、イギリスも一九五六年には、天然ウランを燃料とするガス炉の運転入りを表明していたからだ。

アメリカの原子力委員会（ＡＥＣ）は、原子力平和利用分野でも、アメリカの優位性を維持するため、原子力発電所の早期実現を求めていた。その具体化を図るＡＥＣは、原子力潜水艦の実現に力を注いだリコーバーに原子力開発の手を委ねることを決める。

議会の承認を得たリコーバーは一九五四年九月、原子力潜水艦用に開発した原子炉を原子力発電に応用するのが早道と判断、建設に着手する。三年後の一九五七年一二月一八日、ペンシルベニア州のシッピングポートで発電用ＰＷＲを完成させる。電気出力は一〇万キロワットである。そのシッピングポート原子力発電所は四半世紀の運転を終え、一九八二年一〇月、閉鎖される。

なお、世界初の原子力発電所としては、このシッピングポート原子力発電所がその栄誉に浴している。これは先述のソ連・オブニンスクの原子力発電所（一九五四年六月二七日運転開始、五〇〇〇キロワット）とイギリスのコールダーホール原子力発電所（一九五六年一〇月一七日運転開始、六万キロワット）の両炉とも発電とプルトニウムの生産も兼ねる原子炉であったことによる。

リコーバーが自らの研究開発の過程で体得したのが「原子力開発は九〇％が技術力」という現実だ。技術力とはつまるところ、あくなき改良への努力ともいえる。なにごとも理屈（理論）通りにはいかないもの。一瞬のひらめきやアイディアを「デジタル」とすると、コツコツと取り組む技術力はさしずめ「アナログ」といえる。

ＧＥの執念が生んだＢＷＲ——アルゴンヌの実証試験で開花

◯シンプルな原子炉

軽水炉の一つで、核分裂を起こす核物質を五％前後まで高めた濃縮燃料を使う。原子炉で沸騰した蒸気で直接、タービンを回して電力を生産する。やかんの水を沸騰させ、その蒸気でタービンを回すのをイメージすると理解しやすい。現在ある原子炉の中で、最もシンプルな原子炉といえよう。加圧水型軽水炉（ＰＷＲ）のように蒸気発生器で二次系の水に熱を伝える必要もないため、経済性もある。ＢＷＲ（沸騰水型軽水炉）という略語は、Boiling（沸騰）Water（水）Reactor（原子炉）の頭文字をとったもの。ちなみにもう一つの軽水炉であるＰＷＲはPressurized（加圧）Water（水）Reactor（原子炉）からきている。ともに、世界で稼動中の原子炉の大半は、この軽水炉が占める。

濃縮ウランを燃料とする軽水炉は、減速材と冷却材に普通の水（軽水）をあてる。ＢＷＲとＰＷＲとの違いは、一次系だけなのか、二次系をもつのか、そして加圧されているかで異なる。一次系だけならＢＷＲで、二次系で加圧してある原子炉となるとＰＷＲとなる。

人類初の原子爆弾の開発成功で世界の原子力界をリードしていたアメリカは、原子力発電分野でも先駆的役割を果たした。そのアメリカでは戦後、軍事利用から民生利用まで、原子力委員会が一元的に管理することになった。民生用の原子炉開発については、アルゴンヌ国立研究所とオークリッジ国立研究所で行われていたが、その後、アルゴンヌに一元化された。

○世界では二割がＢＷＲ

そのアルゴンヌでは、ＰＷＲが減速材と冷却材で水を利用したことから、「沸騰水型でも同様に減速材と冷却材に水が機能するのではないか」というアイディアが浮上した。当時は、沸騰という物理現象がまだ解明されておらず、制御が困難で暴走の危険性が指摘されるなど、逆風が吹いていた。このため実験が繰り返された。その中には、制御棒を一挙に引き抜くという暴走実験もあった。その結果、問題がないことがデータによって裏づけられた。これによって、ＢＷＲはＰＷＲとともに実用化に向けた有力な原子炉の一つとなった。

アルゴンヌの実験によるＢＷＲの実用化に社運をかけていたのが、ゼネラルエレクトリック社（ＧＥ）である。同社は一連のＢＷＲ実験を踏まえ、カリフォルニア州サンノゼのＧＥに独自のＢＷＲ（一〇万キロワット）を建設、一九五二年八月には全出力運転を達成した。この運転実績から電力会社コモンウェルス・エジソン社は一九五五年七月、ＧＥに出力二一万キロワットのドレスデン一号機の建設を発注、五年後の一九六〇年七月には営業運転を開始する。世界初のＢＷＲの登場である。ドレスデン一号は二四年間にわたり運転を続け、一九八四年八月、営業運転を停止した。

ＢＷＲの技術を手にしたＧＥは、アメリカ国内はもとより、世界の原子力市場に打って出る。ＰＷＲを生産するライバルのＷＨと受注獲得を競った。そしてこれまで、メキシコ、スペイン、オランダ、ドイツ、日本、台湾、インドなどにＢＷＲを輸出することに成功する。

世界的な原子炉メーカーの再編もあって、ＧＥは日本の日立製作所と提携、世界の原子力市場の開拓に力を入れている。ちなみにＷＨは日本の東芝の傘下に入り、フランスのアレバ社は日本の三菱重工と提携する道を選んでいる。

世界で運転中の原子力発電所約四三〇基のうち、沸騰水型軽水炉（ＢＷＲ）は約九〇基と、全体の二割にすぎない。対する加圧水型軽水炉（ＰＷＲ）は約二六〇基と、世界全体の六割を占める。原子炉の一次系とタービン側の二次系に分かれている方が安全上、有利と思われるのか…。なお、日本での原子力市場は世界市場とは逆にＢＷＲの方が多い。五四基中、三〇基がＢＷＲだ。

原子力発電ブームの火付け役――オイスター・クリーク

○米、秘密主義から国際協調へ転換

一九五三年一二月八日、アメリカのアイゼンハワー大統領は国連総会で「アトムズ・フォア・ピース（平和のための原子力）」というスピーチを行い、原子力開発のこれまでの秘密主義から国際協調へと一八〇度の舵を切り、世界から注目されることになる。翌一九五四年にはこの新政策の実行を促すため、原子力法を修正する。

一九五七年になると、自国の原子力発電所で事故を発生した場合、電力会社の補償負担額の上限を定めた「プライスアンダーソン法」を整備するなど、原子力産業の育成と活性化を促す法整備を実施した。このアメリカの動きに世界各国からは原子炉の導入に向け、熱い視線が注がれるようになる。

○建設ラッシュの六〇年代後半

そのような中で、アメリカの原子炉メーカーであるゼネラルエレクトリック社（ＧＥ）は、内外での原子炉市場に向け、大胆な戦略を打ち出す。石炭火力発電所に匹敵または凌ぐ経済性を前面に据え、原子炉の売り込みを図ったのだ。

一九六三年、人口密集地の電力需要を賄うため、ニュージャージー・セントラル・パワー・ライト社は新規発電所の建設計画を表明。それに応札してきたのが、沸騰水型軽水炉（ＢＷＲ）メーカーであるＧＥと、加圧水型軽水炉（ＰＷＲ）メーカーのウエスチングハウス社（ＷＨ）だった。ＧＥはこの応札で石炭火力を下回る建設費を提示する。赤字覚悟での受注に乗り出したわけだ。もっとも、ＧＥとしては、同一設計と一〇基程度の連続建設の見通しがあれば、黒字に転換できるという目算に基づいてのことだった。

この結果、ＧＥは、コスト的にまだ石炭火力に太刀打ちできないとされてきた原子力発電所の建設経費が、経済的に充分に実用化の域に達していることを関係者に印象づけることに成功した。とうぜんのことながら、ライト社は新規電源として原子力を選定、ＧＥに発注した。出力六四万一〇〇〇キロワットのこのオイスター・クリーク原子力発電所は一九六九年一二月一日、運転を開始、今日も営業運転を続けている。

これを契機にアメリカの電力会社は競って原子力発電の導入に動き出す。一九六五年から六六年にかけて、アメリカでは、一八基もの原子力発電所が発注された。一九六七年になると、さらに三〇基が発注されるという、空前の原子力発電建設ラッシュとなった。

日本でも一九六六年に東京電力・福島第一原子力発電所一号機（ＢＷＲ、四六万キロワット）がＧＥに、翌六七年には関西電力の美浜一号機（ＰＷＲ、三四万キロワット）がＷＨに建設発注が行われた。

○仏独、標準化でコストダウン図る

このオイスター・クリークでの動きに触発されたのはフランスとドイツである。

一度に複数の原子力発電が建設できるということになれば、当然のことながら、同一設計による建設コストの抑制が可能になる。かつ、安全性も高まる。結果として、一基あたりのコストは大幅にダウンさせることができる。

一九七三年に発生した石油危機の反省からフランスは、脱石油の柱として原子力発電開発に力を入れ始める。

一九七〇年代になると、九〇万キロワット級の原子炉が三〇基以上、シリーズ生産された。八〇年代になると一三〇万キロワット級の原子炉が、そして九〇年代になると一五〇万キロワット級の原子力発電所が建設されるようになる。二〇一〇年現在、世界第二位の五九基・六六〇〇万キロワットの原子力発電設備を持つ同国だが、全電力の八割近くを原子力発電で賄っているという世界一の原子力発電大国でもある。

これほどまでに原子炉が普及したのは、標準化によるコストダウンと同時に、フランスの電力体制も大きく影響している。全国一〇電力が供給地域でそれぞれ独占的に営業を展開している日本と違い、また、大小三〇〇〇もの電力会社がひしめきあっているアメリカと違い、フランスではフランス電力が一元的に管理・運営していることが大きい。

ドイツも複数基で同一設計による同一生産をとる標準化政策で経済性と安全性の確保に力を入れた。

三一か国で四三〇基の原子力発電が運転されている。その中でも、標準化を推し進めたフランスやドイツの運転実績は高い。五〇年以上の歴史をもつアメリカの原子力専門誌『ニュークレオニクス・ウィーク』によると、二〇〇八年の運転実績トップ一〇のうち、八基までが両国の原子力発電が占めた。これは、標準化が重要なファクターとなっていることを示している。

世界最初の原子力砕氷船——レーニン号

○北極海方面通商隊の中核

レーニン号は、世界初の原子力船として活躍したソ連（ロシア）の砕氷船である。一九五九年九月に試験航海に入った。その一二月に就役。配属は北極海方面通商隊。

北極海は文字通り、冬季は氷に閉ざされる。このため、古くから北極海と接する国々では、耐氷船開発が行なわれ、スウェーデン、フィンランド、ノルウェー、そしてロシアでは建造された。

だが、それらの多くは木造で、わずかに船首などの一部に金属で補強する程度であったため、航行に限界があった。主に近距離用として利用された。このため、北極圏の多くの村落は冬季期間、孤立状態に陥った。一八七一年、ドイツで本格的な砕氷船が作られたが、十分な輸送とはいえなかった。

北極圏の氷海を船で自由に行き交うことができれば、欧州と極東アジア、欧州と北米への貨物輸送の移動が容易になり、時間も距離も大幅に節約できるため、そのメリットははかり知れない。

戦後、世界で初めて原子力砕氷船を建造したのは、ソ連（ロシア）である。その船の名前がレーニン号だ。ソ連では、一〇隻もの原子力船が建造されたが、その大半が砕氷船である。それは北極海の物質輸送に、砕氷船は不可欠だったからだ。

砕氷船を先頭に、船団を組み、海上輸送ルートを確保しながら進む。砕氷船で氷を砕き、そこにできた細い航路を後の輸送船が進むという方式である。従来はディーゼル・エンジンで航行していたが、燃料の補給問題もあり、航行には限界があった。その点、原子力船は、酸素を必要とせず、一度の燃料装荷で一年以上も必要な動力エネルギーが得られることから、格好の動力源となった。

原子力を動力源とする原子力船の特徴は、何と言ってもわずかの核燃料で長期間にわたって運行することが可能ということだろう。わずか四キログラムの燃料で、地球を二周も連続して運航できるのだ。ディーゼル機関だと、大量の重油が必要となる。このため、重油を保管するスペースが必要になる。

○アメリカは貨客船

ソ連に続き、原子力船を建造したのは、アメリカ、西ドイツ（現ドイツ）、日本の三か国だ。

アメリカの原子力船計画は、ソ連より後手となった。上下院が原子力船「サバンナ号」の建造を認める法案を承認したのは一九五六年七月と遅れたためだ。長さ約二〇〇メートルのサバンナ号は、六〇人の乗客と九五〇〇トンの貨物を乗せ、二〇・二五ノット（時速約三七キロメートル）の速度を出す。燃料は三年間、取り替えずに航海できる。

そのサバンナ号が処女航海に出たのは法案が議会で承認されてから六年後の一九六二年八月だ。当初は貨客船で、乗客用には客室、ロビー、ダンスホール、プール、劇場などが設けられた。のちに改造され、貨物船として再出発、一九六七年一〇月には沖縄に入港している。

「サバンナ」という船名の由来は、一八一九年（文政二年）、蒸気船のパイオニアとして、二九日半をかけ、世界で初めて大西洋を横断してイギリスのリバプールに到着した汽船「サバンナ」の名を引き継いだもの。

一九七〇年の解役後はサウスカロライナ州チャールストンの海事海軍博物館に係留され、一九八一年から一般用に展示されている。

○ドイツは鉱石運搬船

西ドイツ（現ドイツ）では、民間の海運会社であるＧＫＳＳが原子力船開発に手を染めたのが始まりだ。ＧＫＳＳは、原子力船「オットー・ハーン」を開発するにあたって、できるだけ多くの寄港を可能にするため、入港手続きが容易な「鉱石運搬船」とした。

オットー・ハーンは一九六八年一二月に就航。一九七九年二月の最終航海までの約一一年間、欧州、北米、南米、アフリカ、中東と世界各国に入港、その寄港回数は一三一回にも達した。この間、一九七三年には原子炉の燃料被覆管をステンレス鋼からジルカロイ合金に変えるなどの改良を行い、出力密度や燃焼度を向上させている。

日本への寄港も検討されたが、日本の原子力船「むつ」の完成が大幅に遅れていたことなどがあって、原子力船としての寄港は実現されなかった。だが、解役後は、ディーゼル・エンジンを装備したコンテナ船として生まれ変わり、横浜に数度、入港している。

船名の「オットー・ハーン」は、世界で最初に核分裂を発見したドイツの化学者でノーベル化学賞を受けたオットー・ハーンの名からとったもの。

なお、西ドイツのオットー・ハーンの航海からほぼ一年遅れで進水した日本の原子力船「むつ」だったが、その後の放射線漏れ事故や改修工事などから、実際の洋上航海は大幅に遅れた。すべての改修や手続きを終え、試験航海に出たのは一九九〇年になってからである。実験航海を終えた「むつ」は一九九五年六月、原子炉を撤去。海洋研究開発機構の海洋地球研究船「みらい」として再出発している。

地球温暖化の影響をもっとも受けやすいのが北極や南極の高緯度地域といわれる。その両極地域では、温暖化による大陸からの氷山の離岸や崩壊、結氷面積の減少などが進んでいる。極地の運搬手段として開発された砕氷船だが、これからはさらに、極地の大気や海洋の温度分布などを調べる観測船としての役割も付与されることになりそうだ。それらは将来の気候変動の予測に役立つと期待されている。

第二章　各国で動き出す原子力平和利用

フランス――栄光のキュリー家に牽引されて

○二世代続けてのノーベル賞

一九〇三年、マリー・キュリーは、放射能の研究で夫ピエールと共にノーベル物理学賞を受賞する。夫の死後、パリ大学創立以来という女性初の教授に就任。その後も強靭な忍耐が伴うラジウムの研究でノーベル化学賞（一九一一）を受ける。一人で二つのノーベル賞を受賞したのは、マリー・キュリーが初めてである。

彼女の業績を称え、パリに設立されたラジウム研究所には世界中から若い優秀な頭脳が集まり、熱い討議や実験が繰り返された。その若い頭脳たちは、カフェやバーでも最新理論に熱中する余り、その机上の空白に、自らの理論を書き記したほどだ。

母親のマリーに続いて科学者となった娘イレーヌもラジウム研究所で夫のジョリオと研究に没頭、一九三五年には、人工放射能の研究でジョリオと共にノーベル化学賞の栄誉に浴する。キュリー家に三つ目のノーベル賞をもたらした。二世代続けて夫妻でノーベル賞を受賞するという栄光のキュリー家を生んだフランスの原子力研究は、二〇世紀初頭、日の出の勢いで世界の原子力界をリードしていたといってよいだろう。

○核分裂の発見

ノーベル化学賞から三年後の一九三八年、ジョリオはウランに中性子を当てると核分裂を起こし、その時、莫大なエネルギーを放出することを発見する。さらに、中性子の速度を遅くしてやると、核分裂が効率的に行われることも突き止めた。そしてこの中性子の減速材としてふさわしいのが重水と黒鉛であることを、実験を重ねる中で探し出した。

これらの発見は、原子炉の実用化を図る上できわめて重要な発見だった。減速材の発見によって、核分裂が制御できるようになるからだ。順調にいけば、世界初の原子炉はフランスから生まれることが確実視されていた。

だが、問題もあった。重水は普通の水の中で、ごくわずかしか存在しない。そのため、分離するのが難しく、高価だった。当時、重水を製造していたのはノルウエーの化学メーカーであるノルスケ・ハイドロ社だけで、その保有量は、第二次世界大戦勃発直後の一九四〇年当時で二〇〇キログラム足らずだった。

ジョリオは、独裁者ヒットラーのドイツが重水を手にすることを憂慮し、フランス政府に重水の全量確保を訴えた。だが、政府は一見しただけでは水と何ら変わらない重水に金をつぎ込むことに躊躇した。その膠着状態の隙間をつくように、ドイツは重水の獲得に動き出す。この動きにフランス政府はようやく事態の重大性に目覚め、ノルスケ・ハイドロ社との交渉に乗り出し、全量の重水購入に成功する。その一か月後にドイツ軍がノルウェーに侵攻・占領したのだから、まさに間一髪での重水確保だった。

だが、ドイツ軍がフランスに侵攻するに及んで、重水の安全な確保に頭を痛めたフランス政府は、重水を一時的に同盟国であるイギリスに搬出することを決める。そして、重水を使っての原子力研究を継続するため、ジョリオ・キュリーの下で働く研究者、ハンス・フォン・ハルバンとレフ・コワルスキーをイギリスに送り込んだ。

重水が欧州大陸から英仏海峡を渡った

ハンス・フォン・ハルバン（左）とレフ・コワルスキー（右）

ことによって、イギリスの原子力研究の熱は一挙に高まった。だが、まもなくそのイギリスも、安全ではなくなった。ドイツの空爆が日増しに激化したためだ。危険を感じ取ったフランスやイギリス側の混成研究チームは、北米大陸のカナダに移ることになる。

核分裂研究では世界をリードしていたフランスだったが、自国の戦場化にともなう研究者の離散や研究施設の閉鎖などによって研究は完全にストップ、世界初の原子炉の実現はいちだんと遠のいた。これに反し、皮肉なことに、フランスから研究者と重水を手にすることができたイギリスやカナダでは、重水を減速材とする原子炉（重水炉）の実用化が加速され、後日、その成果が結実することになる。

○わが道を行くフランス

ドイツ軍が席捲していた欧州戦線だが、ノルマンディー上陸作戦の成功によって連合国側はドイツへの反攻を強め、一九四五年五月、ベルリンの陥落によって欧州での大戦が終結する。フランスでは、シャルル・ドゴール将軍が首相となって戦後の復興に乗り出す。ドゴールは原子力開発を急ぐため、ジョリオ・キュリーの意見を取り入れ、一〇月にはフランス原子力庁（ＣＥＡ）を創設する。さらに民営の電気事業を国営化し、フランス電力公社（ＥＤＦ）として立ち上げる。中央集権的体制を強化することによって、原子力開発を効率的なシステムとするため強化したのだ。

人類史上初めて原爆を完成させていたアメリカは、戦後の原子力研究開発で、圧倒的な力を誇示していた。そのアメリカは、核兵器の拡散を防止するため、さらに核兵器技術の独占化を図るため、原子力情報の流出を厳しく規制した。同盟国であっても、原子力の最新情報の提供には拒否の姿勢も辞さなかった。

とりわけ、アメリカとの距離を置き、ソ連寄りの姿勢をとるフランスには、ソ連に原子力情報が筒抜けになるとの危惧から、アメリカは厳しい監視の目を注いだ。当時、ジョリオ・キュリーが筋金入りの共産党員になっていたこともアメリカの不信感を強めた。

一九四八年、ドゴールは首相を退陣するものの、一九五八年、アルジェリアでの反乱に乗じ、今度は最高権力者の大統領となって政権に復帰、独自の路線でフランスを牽引していくことになる。プライドの高いドゴールはアメリカの原子力政策に反発、欧州諸国による「第三の極」を作るべきだと提唱する。

ドゴールはアメリカの核の独占を打破するため、原爆の完成をＣＥＡに指示する。そして、一九六〇年二月、サハラ砂漠での原爆実験に成功、アメリカ、ソ連、イギリスに次ぐ、四番目の核保有国となった。

○ガス冷却炉を選択

戦後直後の原子炉開発の状況を見ると、アメリカとイギリスが天然ウランを燃料とし、黒鉛を減速材に、冷却材をガスとした原子炉の運転に成功していた。国土が戦場化しなければ、フランスが原子炉の運転に最も近いと見られていたが、結果的に両国に後塵を拝する形となっていた。そのフランスは減速材として、これまでの歴史を踏まえ、黒鉛よりも効率のよい重水を選択した。そして一九四八年、実験炉ながらも臨界を達成、核分裂の連鎖反応の制御に成功した。

だが、発電炉の実用化を急ぐそのフランスに暗雲が立ち込める。東西冷戦の激化によって、原子炉開発に欠かせないウラン資源や重水などが容易に手にすることができなくなったからだ。その背後にはアメリカのフランスに対する封じ込め政策も影響していた。

そのような八方塞がりの中で、朗報がもたらされる。それはフランス国内でウラン資源が発見されたのである。それまでは、ベルギー領のコンゴなどの海外から輸入しなければならなかった。ウラン資源の確保に汲々としていたフランスが、国内ウラン資源の発見によって、燃料の心配から解放されたのだ。

また冷却材としてこれまでの重水から黒鉛に変更された。ナチス・ドイツの脅威にさらされていた大戦当時とは時代が変わっていた。経済性が強く求められる時代となっていた。黒鉛より高い重水は避けられる運命にあった。国内から産出される天然ウランを燃料に、重水に替わる減速材として黒鉛を選択、発生する熱を受け取る冷却材としてガスを利用する原子炉（ガス冷却炉）となった。

このガス冷却炉はウランからプルトニウムも生産できる。プルトニウムは核兵器の材料となるし、発電炉の燃料ともなる。一九五六年、フランスはガス冷却炉の運転を開始した。

○自主開発炉か、導入炉か

一九六〇年代になると、アメリカでは商業用原子力発電所の動きが加速するようになる。世界各国でも原子力発電所の導入気運が高まった。アメリカで実用化した原子炉が火力発電所の発電単価と同程度か、安くなることがわかってきたからだ。

その原子炉とは、加圧水型軽水炉（ＰＷＲ）と沸騰水型軽水炉（ＢＷＲ）である。ウェスチングハウス（ＷＨ）はＰＷＲ、ゼネラルエレクトリック（ＧＥ）社はＢＷＲである。どちらも、燃料には濃縮ウランを使う。減速材と冷却材には普通の水を利用する。

アメリカ側は自国製の軽水炉を導入する場合は、濃縮ウランの提供も同時に行うことも表明した。多くの国がこのアメリカ製の軽水炉に関心を示した。

この軽水炉の登場によって、フランスでは自主路線のガス炉で進めるべきか、経済的な軽水炉を導入すべきかで論争が起こった。エネルギーの自立を求めるCEAは、これまでの原子力開発の歴史を踏まえてガス炉開発を主張、ドゴール大統領もその独立独歩の姿勢を支持した。

これに対しEDFは、経済的でかつ安定運転が可能ならば導入炉でも構わないという現実的な路線に傾いていた。EDFはすでに、海外の原子炉建設に参画、PWR建設で経験を積んでいた。自信をもっていた。

また、フランスのガス炉の建設コストは上昇していた。技術的にもトラブルが続出した。その典型が一九六八年に運転入りしたガス冷却炉・シノン三号機（三七万五〇〇〇キロワット）だった。運転者のEDFは、このシノンのトラブルに振り回されていた。これを機に軽水炉への導入意欲がさらに強まった。あくまで自主技術に固執するCEAとの対立が一気に噴出した。結論は出ず、ドゴールの決断に委ねられることになった。

だが、ドゴールは一九六八年の五月危機で退陣、替わって首相から大統領として登場したポンピドーは、翌一九六九年一〇月に発生したガス冷却炉であるサンローラン1号機が致命的な事故を起こしたのを受け、これまでの自主開発路線を見直し、PWR開発に一本化した。

○世界最高の原子力発電シェア

フランスの原子力発電開発は、二〇一〇年一月一日現在、アメリカに次ぐ世界第二位の規模を誇る。全電力に占める原子力発電の運転実績となると世界一だ。そのシェア、なんと八割近くにも達する。文字通り、世界一の原子力発電大国だ。ちなみに世界最大の原子力発電大国・アメリカの原子力発電シェアは二割にとどまる。

原子力発電所の内容を見ると一目瞭然だが、フランスの原子炉はすべてＰＷＲ。それも標準設計されての大量発注だ。一基ずつ単発で発注するのと違い、この方式だと、格段に経済性が向上する。一九七〇年代に発注された三七基の出力は九〇万キロワット級。八〇年代に発注された一九基は一三〇万キロワット級、九〇年代の二基は一五〇万キロワット級、そして二〇〇〇年代に入って発注されたＥＰＲ（欧州型加圧水型炉）は一六〇万キロワット級という具合だ。これだと設計が簡素化できるし、経済的だ。

この標準化発注を可能にしたのが、一元化された電力公社であるＥＤＦの存在だ。

キュリー一家に代表される個人技によって世界の原子核研究の先頭を走っていたフランスだが、欧州戦線の拡大によって人材の拡散や研究の縮小を余儀無くされる。だが、フランスは戦後、国家事業として原子力分野での巻き返しを図る。その成果が世界一の原子力発電シェアと、世界第二位の原子力発電規模といえる。

カナダ——資源国で開花した自主開発炉

○豊富なウラン資源から独自の道

アルゼンチン、中国、インド、韓国、パキスタン、ルーマニア。

カナダがこれまで独自に開発した原子炉であるカナダ型重水炉（CANDU炉）を海外に輸出した六か国の名前である。その基数、二〇一〇年一月現在で一五基に達する。むろん、国内で運転中の一八基もすべてCANDU（キャンドゥ）炉である。その高い運転実績が、CANDU炉の優秀性を物語る。

カナダというと、アメリカとは兄弟のような関係に見える。実際、カナダ資本の大半は隣国アメリカからの投資であることを考え合わせると、この指摘はまったくの的外れではない。国際政治を見れば一目瞭然だ。ほとんどのケースで、カナダは、兄貴格であるアメリカの顔を立て、歩調を合わせている。

だが、こと原子力発電となると、カナダはかたくなに独自の路線を歩む。

これは、カナダの原子力開発の歴史からきている。

○欧州混成チーム、新天地で結実

ナチス・ドイツに追われるようにカナダの土を踏んだのが、イギリスからやってきた科学者たちだ。イギリスからの一行とはいえ、とうぜん、他国からの科学者も含まれていた。そのなかに、ハンス・フォン・ハルバンと、レフ・コワルスキーという二人のフランス人科学者がいた。いわば、「欧州混成チーム」といってよい

ハルバンとコワルスキーはパリのラジウム研究所でノーベル賞科学者であるジョリオ・キュリーの指導のもと、世界に先駆けて核分裂の実証実験を進めていた。ジョリオ・キュリーはドイツ軍侵攻によるパリ陥落で、もはやフランスの地で実験を続行することは困難と判断、ノルウエーから購入した重水とともに、この二人の研究者をイギリスに送り出した。そのイギリスでハルバンらは核分裂の実証試験に成功する。この時点で、イギリスとフランスは、核分裂の研究で世界のトップの座に躍り出た。

貴重な重水を使い、さらに実験に邁進する予定だったイギリスも、ドイツ空軍機による空爆激化で研究を継続することは不可能となった。混成チームは、今度はそのイギリスから、太平洋を隔てたカナダへと移住させなければならなくなった。フランスからの研究者であるハルバンとコワルスキーも、混成チームに組み入れられた。ナチス・ドイツを倒すため、ナ

チスよりも早く原子爆弾を開発することが連合国側の共通の認識となった。協力して開発する方が経済的だし、なによりも効率的だった。

こういった事情からアメリカのルーズベルト大統領は一九四一年一〇月、イギリスのチャーチル首相に原子力開発の共同研究を打診したが、このときはイギリス側から「得るものよりも失うものが多い」として拒否されてしまった。この出来事が、イギリス・チームをしてアメリカではなく、カナダへと向かわせる要因となった。

原子爆弾開発の国家プロジェクトであるマンハッタン計画の推進を推し進めるアメリカは、豊富な経済力と人材でまたたく間にイギリスを追い抜く。立場を逆転したアメリカは、今度はイギリスからの科学者受け入れに難色を示した。国中の科学者を動員した「マンハッタン計画」を統率するレズリー・グローブズ将軍は、カナダに渡ってきた混成チームについて、対話の窓口を堅持するなど最低限の配慮を示すにとどめた。

○息吹き返す重水炉開発

構成チームとはいえ、そのリーダーはフランス人であるハルバンだった。核分裂研究の第一人者だったからだ。カナダのモントリオールに作られた研究所で、カナダと混成チームとの共同研究がスタートした。ちょうどそのころ、カナダで有望なウラン鉱が発見された。原子力研究に欠かせないウラン資源が発見されたことで、カナダ政府は原子力の研究開発をより一層、力を入れるようになる。カナダではその後もウラン鉱が発見され、いまそのウラン資源量は世界第四位の約四二万トンを誇る。

共同研究のなかで浮かび上がってきたのが、原子炉の建設だ。その建設には「マンハッタン計画」の実質的な責任者であったグローブス将軍も賛意を示し、資金提供の用意があることをカナダ・構成チーム側に伝えた。それは、カナダのウラン資源を考慮し、カナダの技術力を生かす原子炉の建設である。

原子炉開発では豊富なウラン資源を活用するため、まず、天然ウランを燃料とすることが決まった。中性子を減速する減速材と、熱を伝える冷却材もカナダが得意とする重水となった。これは、ハルバンを含めた混成チームでも得意とすることでもあった。

一九四四年八月になると、原子炉の建設サイトとして電力の安定確保と、豊富な冷却水が可能で、しかも首都オタワや大都会であるモントリオールからも近いチョークリバーに決まった。

原子炉の名も「NRX」と命名された。この建設計画では、同炉の建設に反映するため、まず、出力ゼロのパイロットプラント「ZEEP」が作られた。ZEEPは翌年の一九四五年には運転入りし、材料試験をはじめ数々の実験が展開され、多くの実績を残すことになる。

欧州戦線ではドイツが降伏し、原子爆弾はアメリカ軍の手によって日本の広島、長崎に落とされ、第二次世界大戦が終結した。「戦争目的のための共同研究開発」というＮＲＸの存在意義が薄れたものの、計画は続行され一九四七年には運転入りを迎えた。このＮＲＸは一九五二年まで稼働した。

○ＣＡＮＤＵ炉の登場

戦争の終結によりイギリス・チームがカナダを去った後、原子力研究開発は一九五二年に創設されたカナダ原子力公社（ＡＥＣＬ）が一元的に行うこととなった。研究施設も同公社へと移管された。

世界を巻き込んだ戦争が終り、平和の到来とともに各国も復興に向けた生産活動が活発となり、それに伴い電力需要も拡大した。カナダもこの例にもれず、新たな電源を必要としていた。

カナダでは連邦政府が電気事業の認可権をもつが、実際の発電事業では、州政府直轄の電力会社が行う。その州のなかでも、東部のケベック州とオンタリオ州の二州は、カナダ全体で消費される電力の六割を占める。両州とも水力発電開発に頼ってきたが、その有力な水力資源は開発し尽くされていた。オンタリオ州の電力を賄うオンタリオ・ハイドロ社は一九五五年、他国の原子炉と比較するなかで、カナダが商業炉としてAECLが開発したカナダ型重水炉（CANDU炉）の導入を決める。燃料は天然ウランを、核分裂をしやすくするための減速材と熱を取り出す冷却材には重水を使うという原子炉だ。

CANDU炉を開発する過程でカナダがとった技術は圧力管の採用である。炉内で生まれた熱を最大限に活用するのが原子炉だから、熱を引き取る冷却材は高温・高圧という厳しい条件下でも耐えなければならない。もし、配管などが破損するような事故が発生すると、冷却材は外部環境へ飛び散ってしまう。これを防止するため、原子炉は圧力容器のなかに収められた。そうなると出力に応じて圧力容器が大型化することになる。大型化すると、熱効率が悪い炉となる。天然ウランを燃料とする炉型の宿命だ。

これを打開するために考え出されたのが、燃料とその周囲を流れる冷却材を一緒に管の中に押し込める方式だ。これだと、熱の伝達度が飛躍的に高まり、安全性も格段に改良される。ただし、中性子は、容易に管を通り抜け、重水まで到達できなくてはならない。そのためには、圧力管は薄いほど良い。一方で、管の材質は中性子の透過率が高く、かつ高圧に耐えなければならない。

カナダの技術陣がこういった難題にぶつかり、格闘していたとき、アメリカから朗報がもたらされた。原子力潜水艦では原子炉の小型化を図るため、ウラン燃料は燃料被覆管に収められるが、その材質として開発されたジルカロイという合金が、この課題解決の突破口となったのだ。このジルカロイ合金という新材料の登場によって、炉内に圧力菅を挿入するというこれまでにない新しい原子炉の出現を可能にした。

この圧力管の採用により、天然ウランにも関わらず、出力増が可能となった。

○運転中でも燃料交換

CANDU炉の特徴のもう一つに、運転中にも燃料の交換が可能なことがあげられる。

世界で運転中の原子炉の六割を占める軽水炉の燃料交換は、一年から二年ごとに定期的に行われる。原子炉を止め、一定期間燃やした燃料を取り出し、替わって新燃料を原子炉内に装荷する。停止期間は炉によって異なるが、一般的には一か月から二か月程度かける。濃縮ウランを燃料として使う軽水炉と違い、CANDU炉は天然ウラン。単位あたりの熱出力は軽水炉より格段に落ちる。ただでさえ、出力に限界があるのに加え、高価な重水を使っている。軽水炉と同じように燃料交換に時間をかけていては、経済性がさらに悪化し、太刀打ちできない。

そこで考えられたのが、「運転中に燃料交換ができないか」という原子炉の開発である。

燃料交換で原子炉を止める必要がないから稼働率は上がり、運転コストは飛躍的に改善できる。軽水炉と競合できる。

原子炉は通常、一度、燃料を装荷すれば燃料を補給することなく三年から四年、燃え続ける。ただし、実際には炉内での燃料の燃え方が落ちてくるから、一年から二年程度運転すると、原子炉を止め、燃料の三分の一から四分の一程度取り出し、燃料を交換する。

幸い、ＣＡＮＤＵ炉では、燃料が圧力管に収まっているから、そのカートリッジを引き抜き、もう一方から新燃料の入った圧力管を押し込めば燃料の交換が終る。なお、運転中であり、炉内への核反応の影響をできるだけ小さくするため、燃料の交換は、中心部ではなく、隅にある燃料から取り出し、新燃料を挿入するかたちをとる。

関係者の指摘では、ＣＡＮＤＵ炉では、重水の取扱いと運転中の燃料取替で、高い技術力が求められるという。

戦後、欧州混成チームの多くがカナダを去った後、カナダ技術陣は、重水炉に改良を重ね、ＣＡＮＤＵ炉を実用化する。その中でも特記できるのが燃料交換といえる。濃縮ウランを使う軽水炉と比べＣＡＮＤＵ炉は、天然ウランを燃料として使うため、単位あたりの熱効率が落ちる。このギャップをカバーするものとして開発されたのが運転中の燃料交換だ。そこには長年にわたるカナダ研究陣の熱意がある。まさにＣＡＮＤＵ炉は、「ＣＡＮ」「ＤＯ」（やればできる）という意味にもとれる。

イギリス——頑なまでの保守路線

○西側諸国の先陣走る

産業革命発祥の国・イギリスだが、こと原子力発電開発に関していえば、保守的だった。頑なまでに保守的だった。

第二次大戦が終結して一〇年余りの一九五六年一〇月一七日、イギリスではエリザベス女王の臨席を得て、コールダーホール原子力発電所1号機（六万キロワット）が華々しく運転を始めた。これは、世界最初の原子力発電所といわれるアメリカのシッピングポート発電所（一〇万キロワット）よりも一年以上も早い運転入りだった。

だが、コールダーホールは「世界初」の原子力発電所とならなかった。それは、コールダーホールの稼働から二年前の一九五四年に、ソ連のオブニンスクの発電所で五〇〇〇キロワットの原子炉がすでに運転入りしていたことがある。また、コールダーホール炉が発電と同時に原子爆弾を作るプルトニウム生産炉も兼ねるという二重の役割を果たしていたことも、栄誉を逃す要因となったとされている。もっとも、オブニンスクも、コールダーホールと同様、電力とプルトニウム生産の二重目的の炉であったから、純粋の商業用の発電炉となると、アメリカのシッピングポートの方に一番乗りの軍配が上がるというわけだ。

○戦火のがれ、大西洋を越えカナダへ

イギリスで原子力研究開発が本格的にスタートするようになったのは、ナチス・ドイツの迫害から逃れるため、欧州各地から科学者たちがドーバー海峡を渡ってイギリスに亡命するようになってきてからである。大戦前夜まで、世界から優秀な頭脳が集結していたフランスのラジウム研究所からは、ハルバンとコワルスキーという二人の科学者がイギリスの大地を踏んだ。二人はノーベル賞を受賞し、フランスを代表する物理学者であるジョリオ・キュリーの愛弟子だった。二人には、イギリスの地で核分裂の実証試験研究を行うため、二〇〇キログラムものノルウエー産の重水も一緒だった。そして一九四〇年一二月、かれらは、師のジョリオ・キュリーが予見していた核分裂の連鎖反応の実証試験に世界で初めて成功する。この出来事は、パリにいるジョリオのもとに報告されると同時に、世界中の科学者が核エネルギーの現実的な応用を検討し始めた。

その歴史的な成功を踏まえたイギリスの原子力開発は、この時点で、文字通り世界の物理

学界をリードするレベルに達していた。イギリス政府は、さらに迅速に核分裂反応の効果的な利用を図るため、物理学者を動員していた「マウド委員会」に対し、その検討を打診した。核分裂反応を一瞬のうちに取り出す「原子爆弾」と、核分裂反応をゆっくりと、コントロールしながら取り出す「原子力発電」について同委員会が出した結論は、前者を優先的に推し進めるべきだという提言だった。それは、ナチス・ドイツ軍がひたひたとイギリスに迫り、ドイツより先に原子爆弾を手にする必要があったからだ。

この答申を受け、イギリス政府は原子爆弾の開発に取り組むことになる。だが、ドイツ軍のイギリス本土への空襲が激しくなったため、計画は中断せざるを得ない状況に追い込まれた。研究の続行を図るため、イギリス政府は北米大陸に研究の拠点を移すことを検討し始めた。このとき、アメリカのルーズベルト大統領はチャンスとばかり、一九四一年一〇月、原子爆弾の共同開発をイギリスのチャーチル首相に申し入れた。しかし、チャーチル首相は、アメリカとの共同開発は「得るよりは失うものの方が多い」と判断、拒否の姿勢を示した。

同盟国イギリスから拒否されたルーズベルト大統領は莫大な開発資金と全米の科学者を総動員しての原爆計画の推進に着手する。アメリカは一九四二年初頭にはイギリスに追いつき、追い越したと言われる。皮肉なことに、安住の地ではなくなったイギリスのチャーチル首相から今度はルーズベルト大統領に、共同開発が提案されるという事態を生む。だがアメリカは拒否。このため、イギリスは同じ北米のカナダに共同開発提案を行い、こちらは成就する。これを受け、イギリスの研究者や欧州大陸からイギリスに逃れてきた科学者たちが続々とカナダへ移った。後年、カナダの原子力研究開発は、このイギリスからの科学者たちによって花開くことになる。

○第三の核保有国

ナチス・ドイツを追って欧州の懐深く進出してきたソ連軍は、戦後も兵力を撤退させることなく居座り続けた。これに反し、欧州を解放したアメリカはソ連と対峙する地域を除き、次々と軍を引き揚げた。

その欧州での戦勝国・イギリスは、かつての大英帝国のような力は失われていたが、いぜんとして、大国として振舞わなければならない状況にあった。西側同盟諸国の権益を守り、強大なソ連と対等に張り合うためにも、核保有国となることが条件だった。

原爆製造には、材料となるウランか、プルトニウムを必要とする。ウランは核分裂を起こす「ウラン235」を一〇〇%近く濃縮しなければならない。だが、戦後のイギリスには、この濃縮技術がなかった。このため、プルトニウムを選択した。

プルトニウムを生産するため、イギリスは一九五〇年、専用の原子炉をウィンズケールに二基作った。天然ウランを燃料にして、減速材として黒鉛を採用した。この原子炉は順調に運転した。イギリスは、この炉で生まれたプルトニウムを利用し、一九五二年一〇月、核実験に成功、アメリカ、ソ連に次ぐ第三の核保有国となる。

○ガス炉に活路見出す

このプルトニウム生産炉は、その後のイギリスの原子力開発に大きな影響力をもたらすことになる。

平和利用の象徴として、イギリスは発電のための原子炉開発に着手する。濃縮技術がなかったため、燃料は天然ウランとすることで落ち着いた。その天然ウランを燃やすためには核分裂の引き金となる中性子の速度を遅くしてあげないといけない。減速材の候補となったのはこれまでの知見から重水と黒鉛となった。重水は性能的には申し分なかったのだが、生産技術が難しく、かつ高価なため除外された。結局、比較的安価で供給できる黒鉛となった。

残りの冷却材が問題となった。プルトニウム生産炉では、この熱は全く問題にされない。かえって邪魔で、利用されることなく捨てられていた。このため、生産炉では空気が冷却材としての役割を果たしたほどだ。ところが発電炉となると、プルトニウム生産炉と原理が一八〇度異なる。発電炉では、原子炉でできた熱エネルギーをいかに取り出すかで、能力が定まる。発電機タービンの回転数で、電気出力が決まってしまうからだ。だから、その熱は高いほど、大きいほどよい。

水も冷却材として対象になったが、不測の事態で水が喪失した場合、過熱暴走し、爆発する危険性があったため除外された。

結局、熱の伝道度に限界があるものの、化学的に安定している炭酸ガスが冷却材となった。いわゆる「ガス炉」の実現である。

また、天然ウランを覆う被覆菅には、高温に強いマグノックスが用いられた。この炉が「マグノックス炉」といわれる所以でもある。

○技術の伝承と蓄積で壁

自主技術によってガス炉を実用化したイギリスだが、誤算は、世界の原子炉市場から大きくズレてしまったことだ。アメリカが濃縮ウランを燃料に、減速材と冷却水に水を使うことで軽水炉の経済性を高め、石炭火力並みのコストで原子力市場に登場して以来、世界のほとんどの国は軽水炉を選択してしまった。天然ウランを使った黒鉛炉や重水炉とでは、軽水炉の高い熱出力にはかなわない。

だが、イギリスはそのガス炉に固執した。軽水炉に比べ、出力が一回りも小さいにもかかわらず、図体ばかり大きいガス炉。頭の切り替えが必要だったが、自主開発した炉型に執着したことが、時代から取り残されることになる。

フランスもイギリス同様、天然ウランを燃料とするガス炉からスタートしたが、ガス炉の限界を知ると軽水炉路線に転換、今日の世界第二の原子力発電大国となる。イギリスはその後、軽水炉を導入することになるのだが、その転換は遅すぎた感が深い。

イギリスの原子力界が停滞する遠因となった一つに、原子炉メーカーの存在がある。計画された建設基数に比べ、メーカーの数の方が多かったのである。「原子炉は税金で建設される」ところから、各メーカーは平等に扱われた。その結果、皮肉なことに、メーカーでの技術の連携や蓄積が図れないという状況を生んだ。アメリカでさえも、原子炉メーカーといえばウェスチングハウス（ＷＨ）とゼネラルエレクトリック（ＧＥ）の二大メーカーに絞られるが、イギリスでは五社にも達した。

一九五六年七月、ナセル・エジプト大統領によるスエズ運河の国有化宣言を契機にエネルギー危機に見舞われたイギリス。その打開策としてガス炉の建設が打ち出される。一九五七年に発表された計画規模は五〇〇万～六〇〇〇万キロワット。そこへ五つものグループ企業が受注合戦に手を挙げたのである。

一国の原子力発電計画に五つの企業体が殺到するなど、現在から見ればオーバーな光景だが、原子力黎明期の当時はごく自然の成り行きだった。

その点、フランスの原子炉メーカーは一社で、国の指導による原子炉の標準化や量産体制で進められたため、コストが抑制され、技術上の経験則も生き、無駄がなかった。

運転中の原子炉（一九基）より閉鎖した原子炉（二六基）の方が多いイギリスの原子力発電所。一九五〇年代から六〇年代にかけての原子力開発初期に運転入りした出力六万キロワット規模のガス炉が多いためだが、北海油田の発見という国内エネルギー事情の好転も原子炉政策を先送りした。だが、このまま原子力発電に対して何の手当てがなされないまま推移すると、二〇二三年には運転中の原子炉は一基だけとなってしまう。各国はイギリスの原子力発電の将来に注視している。

アメリカ――世界のリードオフマン

○世界の六割はＰＷＲ

世界で運転中の原子力発電所は約四三〇基。その多くは、アメリカで設計・開発された軽水炉だ。いうなれば、世界の原子力発電市場はその初期、アメリカがほぼ独占してきたといってよい。メーカーのウェスチングハウス（ＷＨ）が加圧水型軽水炉（ＰＷＲ）を、ゼネラルエレクトリック（ＧＥ）が沸騰水型軽水炉（ＢＷＲ）をそれぞれ生み出し、市場を席捲してきた。そのアメリカで運転中の原子力発電所は一〇四基を数えるが、七割近くがＰＷＲで、三割がＢＷＲとなっている。

アメリカに次ぐ原子力発電大国であるフランスもアメリカ同様、世界各国へフランス独自の原子炉を輸出しているが、元をたどればＷＨの技術ライセンスに依っている。

五四基の原子力発電所を運転中の日本では、ＰＷＲが二四基、ＢＷＲ三〇基と、ＢＷＲがリードしている。世界で見ると、ＰＷＲがＢＷＲを凌駕しているから、日本はこの国際社会の現状とはちょうど正反対の状況にあるといってよいだろう。

世界ではいま、環境問題の解決が共通の課題となっていることもあって、二酸化炭素を排出しない原子力発電所は、今後、その拡大が期待されている。世界では一〇〇基近い原子力発電所が建設・計画中で、そう遠くない時期に世界の原子力界は五〇〇基体制に突入する。その多くは、いまや成熟期を迎えている軽水炉だ。

○前代未聞規模のマンハッタン計画

20世紀の半ばから登場した原子力発電だが、この五〇年間で、発電国は三一か国にまで拡大した。さらに、一五か国以上の国が原子炉の導入を検討している。何ゆえ、アメリカ製の原子炉が、独占的ともいえる市場を確保可能だったのか。

「核分裂の連鎖反応が可能になれば、そこから巨大なエネルギーを得ることができるよう」。一九三五年、フランスの科学者ジョリオ・キュリーはノーベル授賞式でこう語り、世界の研究者の探究心をあおった。科学者は先を争って核分裂の解明に熱中した。ナチス・ドイツによる戦端が、欧州各地で開かれる四年前のことだ。

自国が戦場化したフランスやイギリスと違い、アメリカでの原子力研究開発は、戦争による直接的な影響もなく、集中して進めることができた。ドイツより早く原子爆弾を手にすることを目的とする「マンハッタン計画」が至上命題となり、莫大な予算が確保された。全米からほとんどの研究者・技術者が動員された。その規模、全米で五万人に達したといわれる。ノーベル賞に輝く研究者も研究計画に加わった。まばゆいばかりの人材と資金が投入され、開発が進められた。

一時は、そのアメリカに先駆けて核分裂反応の実証試験に成功していたイギリスとフランスだったが、戦線の長期化と激化によって研究環境はいちだんと悪化した。施設の移転が余儀なくされ、研究者も離散した。財政難も一段と進んだ。それらが複合的に絡み、研究テーマは極端に絞り込まれた。技術開発のスピードは極端に落ちた。

これに反し、アメリカでは自由闊達な研究開発が保証された。同時並行的にさまざまな研究が展開された。

原子爆弾の完成に向け、研究開発施設も全米各地に作られた。テネシー州のオークリッジにはウラン濃縮施設が作られた。ワシントン州のハンフォードには天然ウランを燃料に重水や黒鉛を減速材とするプルトニウム生産炉が設けられ、運転を開始した。またニューメキシコ州のロスアラモスでは、原子爆弾の設計と製造施設が動き出した。

そして一九四五年七月一六日、ニューメキシコの砂漠で、世界最初の原爆実験が成功する。翌月の八月には、広島と長崎に史上初めての原子爆弾が投下され、第二次世界大戦が終結した。

◯秘密主義に舵を切ったアメリカ

原子爆弾という圧倒的な武力の登場によって第二次世界大戦は終焉する。

広島と長崎に投下された原子爆弾は、想像を絶する破壊力や悲惨さから、国民はもとより、開発に携わった多くの科学者の間からも、開発中止の声が上がった。このため、アメリカ政府は、こういった声を沈静化させるため、それまで原子爆弾の開発立案から管理まで原子力開発にかかわるすべてを担当してきた陸軍省から新たに作った原子力委員会（ＡＥＣ）

に管轄を移し変えた。原子力委員会は新たに設けられた「原子力法」によって定められた組織で、五名の委員から成る。全員が民間人で、大統領による任命と議会の承認が求められた。原子力委員会の「暴走」を防ぐため、チェック機能として、原子力上下両院合同委員会が議会に設置された。

文民統制となったとはいえ、原子力の情報管理はより一層、厳しく規制された。戦争が終わり、世界に平和が戻ったのも束の間、冷戦の到来によって、軍備拡張競争が加速し始めたからだ。プルトニウム生産炉は役目を終えて閉鎖されるどころか、フル稼働で生産が続行された。イギリスやフランスも核兵器国となるなど、プルトニウムの需要が一挙に高まった。

想像を絶する原子爆弾の破壊力を手にしたアメリカは、核の独占を図るため、排他的な秘密主義の政策をとるようになる。徹底した箝口令を敷き、違反者には刑罰に処する法律まで作った。

戦後の対日政策でも、アメリカ軍を中核とする連合軍側はいち早く、日本の原子力研究禁止を打ち出した。

○諜報活動の舞台となったハンフォード

これまでの歴史が証明してきたように、秘密主義には限界がある。いつかはそのベールが剥され、白日の下にさらされる。諜報活動が活発だった当時としてはなおさらだ。アメリカがハンフォードで運転したプルトニウム生産炉では、その設計図がソ連側に流れたとされる。実際、ソ連で作られたプルトニウム生産炉は、詳細に至るまで、ハンフォードときわめて酷似していたといわれる。

図面通りに建設・運転を行うことができれば、莫大な開発費がセーブできる上に、容易にプルトニウムを抽出できる。ソ連に限らず、同盟国であったイギリスでも、プルトニウム製造では、このハンフォードの生産炉がモデルとなったとされる。

秘密主義は際限のない猜疑心を生む。猜疑心は、核兵器国の拡散をもたらす。核兵器の所有こそ大国の条件と見られていたため、各国は競って原爆開発に手を染め始めたのだ。

このような現状を踏まえ、危機感を抱いたアメリカは、秘密主義から一転、情報公開による原子力平和利用の推進という一八〇度の政策に軸足を移す。その象徴が、一九五三年一二月八日、国連総会で行ったアイゼンハワー大統領の演説、「平和のための原子力（アトムズ・フォア・ピース）」である。これを法制面から支援するため、翌一九五四年には原子力法を修正。一九五七年には原子力発電所で事故が発生した場合の電力会社の補償の上限を定めた「プライスアンダーソン法」が立法化されるなど、原子力産業の活性化を促す環境整備が進んだ。

アメリカは、原子炉の実用化を加速するため、これまで原子力研究開発の対象となったすべてを、再度、俎上に載せて検討を加える。その過程で浮上してきたのが、同国で開発してきた濃縮ウランをめぐる取扱いだ。アメリカは原爆の材料となるウラン濃縮技術をガス拡散法で実用化していた。自然界には、核分裂を起こすウラン235がたったの〇・七％しか存在しないが、この技術によって、一〇〇％近くまで濃縮することが可能となった。まさにアメリカが「マンハッタン計画」で手にした最高レベルの機密技術だ。

○濃縮ウラン使う軽水炉の登場

イギリスではすでに天然ウランを燃料にした発電用原子炉の開発が着手されていた。プルトニウム生産炉を発電用に応用したのである。ここでは、減速材に黒鉛または重水が用いられた。この減速材の種類によって、原子炉は、黒鉛炉または重水炉とも呼ばれる。原子炉から熱を取り出す冷却材には、高温・高圧でも化学的に安定している炭酸ガスが採用された。この炉は、後日、日本初の原子炉として導入されることになる。

これらの炉は、天然ウランを燃料としているため、単位熱出力が小さい。また、減速材に黒鉛を使うと、どうしても図体が大きくなる。減速材に黒鉛ではなく重水を使えば効率良くウラン235を燃やすことができるが、重水の製造は難しく、コスト高は避けられない。

こういった課題を打ち破ったのが濃縮技術だ。世界に先駆けてウラン濃縮技術とその生産施設をもったアメリカは、希望する濃縮ウランを自由に手にすることが可能となった。減速材に高価な重水を使う必要もなくなった。かさばる黒鉛も除外視された。それらに代わって、人類史上、もっとも使い慣れた水が減速材として利用できることがわかった。水はまた、冷却材としてもふさわしいことも判明した。水が減速と冷却という二つの領域で使用できることが可能となったのだ。

濃縮ウランを燃料にすることが可能になったことで、天然ウランよりも格段に高い熱エネルギーを得ることが可能になった。その熱を伝える冷却材でも、加圧することで核分裂による熱エネルギーをさらに効率よく引き出すことができた。

ここに「加圧水型軽水炉」（ＰＷＲ）の考え方が出てきた。

○ＰＷＲを後押しした原子力潜水艦

そんな折、ＰＷＲを後押しするような局面が浮上する。原子力潜水艦の登場である。潜水艦は第二次世界大戦で重要な役割を果たした。原子力潜水艦で最も重要な指標となるのは、潜水航続時間である。長くなれば、航続距離も伸びる。酸素を必要としない原子力の動力源だから、航続時間は一挙に高まる。しかも、燃料の取替えは一年以上不要だ。乗組員のメンタルケアや休養などを別にすれば、長期間、海面上に浮上することなく、世界の海を隠密裏に行動することができる。敵の目をごまかすことができる。東西冷戦の激化で、原子力潜水艦の建造は急務となった。

原子力潜水艦の課題は、いかに小型の原子炉が実用化できるかだ。この原子炉のコンパクト化を実現したのは、ほかならぬ濃縮ウランだった。一%だけでも濃縮度が高まれば、ウラン単位面積当たりの核分裂はぐっと発生しやすくなる。数%もの濃縮ウランとなれば、熱出力は飛躍的に高まる。冷却材としての水は、加圧下に置かれるため、沸点が高まり、熱伝達も大幅に改善される。

この原子力潜水艦用の原子炉開発で、PWRはさらに磨きかけられた。潜水艦に応用されたPWRは、今度は陸上の発電所で据えつけられることになる。その地名からつけられたシッピングポート原子力発電所（一〇万キロワット）は一九五七年一二月一八日、世界初の原子力発電所として名を残すことになる。

◯沸騰現象の解明でBWRに光

技術は単純なほど普及しやすい。

PWRでは、原子炉から生まれた高温・高圧の一次エネルギーを蒸気発生器に送り、そこで二次系を蒸気に変え、タービンを回す。

この蒸気発生器を介しないで、原子炉で生まれた蒸気エネルギーを直接、蒸気タービンに送り、電気を起こすのが「沸騰水型軽水炉」（ＢＷＲ）だ。この炉は、やかんでできた蒸気をそのままタービンに利用しようとするようなもので単純明快。これも濃縮ウランがあればこその技術開発だった。

アメリカではその初期、ＢＷＲの実用化には、沸騰という物理現象が未解明だったため、一時、原子力委員会による研究対象テーマから外された歴史をもつ。沸騰現象によって炉内が不安定になるのではないかというのである。だが、アルゴンヌ国立研究所による過酷な実験によって沸騰現象の挙動が解明され、予想以上に安全性が確保されていることが確認された。急激な出力上昇試験でも、原子炉の安全性が保たれていることが明らかになったのだ。このため、実用化への開発が一挙に加速した。同サイトに実験炉ＥＢＷＲが建設され、一九五六年からさらに実験が繰り返された。

原子力潜水艦への原子炉（ＰＷＲ）の開発・製造がＷＨで行われている一方で、ＧＥはＢＷＲの開発に力を入れ続けた。そして、アルゴンヌ研究所でＢＷＲ研究開発の責任者で、かつＢＷＲの特許をもっていたサム・アンターマイヤーを引き抜くなどして、ＢＷＲ供給体制を強化した。そしてＧＥは電力会社であるエクセロン社からドレスデン一号機（二一万キロワット）を受注、一九六〇年七月四日、営業運転にこぎつける。

○GE、石炭並みの建設コストで売込み

このドレスデンで自信を得たGEは、アメリカ国内はむろん、世界市場をにらんだ戦略に出る。その戦略とは、石炭火力より経済的な建設コストの実現である。

建設コストを下げる手っ取り早い方法は、同一設計による大量生産だ。単基で設計・建設するより格段に安上がりだ。GEは、BWRは蒸気発生器を必要としないし、加圧や減圧する必要もないからPWRよりも安全で経済的な炉と読んだ。こんな単純な炉だから、電力各社は積極的に採用してくれるはずだと踏んだ。まもなくやってくる本格的な原子力発電時代で生き残るのはGEのBWRしかない、と見込んだ。当初は赤字でも、一〇基も建設すれば全体としては黒字に転換できると見越した。

そんななか、ニュージャージーのセントラル・パワー&ライト社（NCPL）は一九六三年、域内の電力需要を賄うため、新規発電所の入札を行う。このNCPLの新規発電所で落札したのは他ならぬGEのBWRだった。そのコストは、石炭火力発電所よりも安かった。GEはNCPLのケースを世界戦略の一歩と位置づけていたのである。オイスター・クリークと名づけられたそのNCPLの原子力発電所は、アメリカに原子力発電ブームを呼び起こ

すには十分なエポック・メーキングとなった。
このオイスター・クリーク原子力発電所の建設着手によって、アメリカ国内では一九六〇年代後半、新規原子力発電所の発注ラッシュが展開される。一九六五年から一九六六年にかけて一八基もの原子力発電所がＧＥあるいはＷＨに発注された。一九六七年になると、さらに三〇基という驚異的な数の原子力発電所の建設が両社にもたらされた。

原子力平和利用がスタートして半世紀。21世紀に突入した現在でも、世界の原子力界はアメリカの技術力に依存しているといってよい。潤沢な資金を投入し、全米の科学技術者を動員した「マンハッタン計画」を成功させたアメリカには、原子力平和利用にかかわるすべての分野で、他国にはない知識とデータの蓄積量を誇っているからだ。アメリカの底力はあなどれない。

ロシア――クルチャトフに行き着く原子力開発

○アメリカに対抗し、開発に着手

ロシア（旧ソ連）の原子力開発というと、ほとんどの人は、チェルノブイリ原子力発電所事故を思い浮かべる。また、事故をめぐってロシアがとった秘密主義などから、改めてロシアという国に不信感を抱いた人も多かったのではないか。

ロシアが原子力開発に乗り出した時期は、あまりはっきりしない。徹底した情報管理を行ってきた国だからだ。一般的には一九三〇年代、物理学者イゴール・クルチャトフが率いる研究チームがレニングラード物理工学研究所で核分裂の実験に成功したのに始まるとされる。大量粛清を行った一九三七年、首相に就いたスターリンは、世界の先陣を切って原爆を手にしたアメリカに対抗するため、原子爆弾の開発計画を決定、その開発責任者にクルチャトフを命じる。クリミア国立大学で物理学を学んだクルチャトフは、欧州最初のサイクロトロンを作るなど、ロシア屈指の科学者として実績をあげていたからだ。

そのクリチャトフのチームはウランの自然崩壊に気づき、国際的な学会誌である『フィジカル・レビュー』誌に投稿する。その論文は一九四〇年六月発行の雑誌に掲載されたが、クルチャトフらは、西側諸国からの反応がほとんど見られなかったことに気づく。調べてみると、これらの学術雑誌から核科学にかかわる新たな論文が、ほとんどといってよいくらい姿を消していたのだ。とりわけ、アメリカからの発信は極度に落ちていた。

この現実からクルチャトフらは、アメリカでは、何かわからないが、大きな秘密プロジェクトが進行中ではないのかと推察するようになる。

これを機に、クルチャトフは人材を投入、開発のテンポを速めた。各研究機関との連携・

強化を図る一方で、自らモスクワ郊外に秘密研究所を設ける。研究が順調に進んだのも束の間、今度は欧州を巻き込んだ大戦が勃発、ロシアもヒトラーのドイツ軍に懐深く侵攻された。ロシアが戦場化したことにより、研究所は疎開を余儀なくされ、研究者の四散も相次いだ。このため、開発は頓挫した。

クルチャトフの開発チームは大戦終結後の一九四六年一二月二五日、秘密研究所で核連鎖反応の実験に成功。一九四八年にはプルトニウムを生産する黒鉛炉を完成させた。そして、そのプルトニウムを使って、一九四九年九月二三日、中央アジアの砂漠で初の核爆発実験にこぎつける。

イゴール・クルチャトフ

○独自の軽水冷却黒鉛減速炉

原子爆弾を手にしたクルチャトフは、今度は核の平和利用としての原子力発電の研究開発に軸足を移す。スターリンに原子力発電の建設認可を求め承諾を得る。五年後の一九五四年六月二七日、モスクワ南方の研究都市・オブニンスクで世界初の原子力発電の運転に成功する。出力は五〇〇〇キロワットと小さかった。この炉は、天然ウランを燃料に、中性子の減速材として黒鉛を利用、冷却材は軽水（水）とする原子炉で、軽水冷却黒鉛減速炉と呼ばれ、略して「ＲＢＭＫ炉」ともいわれた。天然ウランに中性子を当てて、プルトニウムを生産すると同時に電気も得るという「併用炉」であったため、世界初の発電炉としての名誉は、アメリカのシッピングポート原子力発電所に譲っている。シッピングポートの運転入りは一九五七年一二月一八日のことだった。

ＲＢＭＫ炉は順調に運転を続けた。これに自信を深めたロシアは、ＲＢＭＫ炉を次々と建設していくことになる。

対外的にもこの炉型は運転中に燃料の交換ができるなどの利便性が強調された。一九七一年九月、ジュネーブで開かれた第四回原子力平和利用国際会議では、ロシア代表団は優秀な実績を積むＲＢＭＫ炉に胸を張ったほどだった。だが、アメリカやイギリスの専門家からは、低出力で運転すると原子炉が不安定になるとして懸念視された。自主技術によって黒鉛炉を持っていたイギリスでは、このＲＢＭＫ炉を導入したらどうかという声もあがったが、不安視する声に押され、結局、ＲＢＭＫ炉の導入は断念された。

この国際社会からの懸念は実現する。同盟国のウクライナに作った原子力発電所が、一九八六年四月、世界を震撼させる大事故を引き起こしたからだ。チェルノブイリ原子力発電所事故である。

このＲＢＭＫ炉はロシア国内に一一基が運転中で、一基が建設中だが、歴史の表舞台から消え去る運命にある。

○黒鉛炉から加圧水型炉へ

黒鉛を減速材とするＲＢＭＫ炉の図体は出力に比例して大きくなる。だが、出力には限界がある。これに対し、濃縮ウランを使う加圧型の軽水炉であれば、引き出される熱エネルギーは天然ウランを使うＲＢＭＫ炉より格段に高めることができる。

ロシアではノボボロネジ原子力発電所の一号機（二一万キロワット）に加圧水型軽水炉を建設することを決定、一九五八年から工事に着手、一九六四年から本格運転に入った。ロシアでＶＶＥＲと呼ばれる加圧水型軽水炉はその後、バラコボ、カリーニン、コラ、ロストフなどの各サイトで建設・運転入りを果たした。

ロシアで運転中の原子力発電所は二七基あるが（二〇一〇年一月現在）、その内訳はＲＢＭＫ一一基、ＶＶＥＲ（ＰＷＲ）一五基、高速増殖炉（ＦＢＲ）一基。今後はＶＶＥＲが主力となり、ＲＢＭＫ炉は縮小される。にもかかわらず、ロシアの原子力界が比較的冷静にいられるのも、ＶＶＥＲが基数・出力でＲＢＭＫを凌駕しているからだ。

○厚いベールに包まれた歴史

ロシアの原子力発電開発を見ると、その秘密保持のため、研究開発のプロセスがほとんどベールに包まれていることに気づく。名前や道路もない、地図にも載っていない場所に忽然と大型の研究施設が登場する。

そのような中で、不思議なことに、アメリカ、イギリス、フランスといった西側諸国が核分裂研究で動き出すと、ロシアもほぼ軌を一にして活動を開始するという現実がある。特に、アメリカの動きには敏感だった。

アメリカがハンフォードでプルトニウム生産炉を開始すると、ロシアもまもなくプルトニウム生産炉を建設し、運転を開始する、といった具合だ。この生産炉では、出力から炉型設計の詳細まできわめて酷似していたと指摘されている。ウラン濃縮技術では、アメリカがオークリッジでガス拡散法による濃縮をスタートさせると、時間をあけず、ロシアもガス拡散技術へと集約していく。重水生産でも、アメリカが大量生産に踏み込むと、ロシアも追従する、といった具合だ。これらから考え付くことは、ロシアは闇ルートを通して、海外の機密情報を得ていたといわれている。

冷戦時代のロシアでは核の軍事利用が極端に優先された結果、安全問題は後方に追いやられた。放射能で汚染された廃液は、安全対策が講じられることもなく、河川に垂れ流しされた。大地の汚染も拡大した。サイト内の片隅に放置された放射性物質によって、多くの作業員が被ばくした。また、地図上では明記されない隔離された秘密の都市が作られ、科学技術者はその有刺鉄線で区切られた密閉空間で目的とする研究開発を行うことを強いられた。

スウェーデン――未来の実験室の原子力開発

○豊富な水力に依存

ノーベル賞の国・スウェーデンで原子力の研究開発がスタートしたのは、意外と遅く、第二次世界大戦が終結した二年後の一九四七年、核エネルギー利用を推進するための官民協同組織のＡＢアトムエネルギーが設立されてからである。

それには理由がある。まず豊富な水力資源があったことがあげられる。一九五〇年代まで、電力の大半を水力発電で賄うことができた。その後、急速な工業化によって電力需要が膨らんだが、このときは、海外からの安い石油・石炭火力で乗り切った。

○天然ウラン－重水炉路線を選択

エネルギー資源の多くを海外に依存している現状に憂慮した政府は、自国の足元に眠るウラン資源を活用することからも、原子力発電開発を積極的に行う基本方針を固める。

当時、アメリカは核の独占を図るため、西側同盟国に対しても、原子力の技術情報の提供には徹底した管理下に置いた。西側諸国を通してソ連に機微な技術情報が流れる心配があったからだ。特に濃縮技術は核兵器の材料とも絡むため、極端な機密漏洩防止策がとられた。

このため、当初、スウェーデンは重水炉を選択した。燃料に天然ウランを使い、中性子による核分裂を促すための減速材には重水が当てられた。この天然ウラン－重水炉という取り合わせは、アメリカはおろか、ソ連、フランスやイギリスでも採用された炉型の選択でもある。いずれの国も天然ウラン－重水炉を、核兵器の材料となるプルトニウム生産炉として位置づけたからだ。ウラン濃縮という高度で気難しい技術を使うよりも、重水炉を使えば、より容易にプルトニウムを手にすることができた。

○都市型原子炉の草分け

スウェーデンが原子力開発でユニークな発想で世界を驚かしたのは、初の商業炉で発電と地域暖房の二重目的とする原子炉を稼働させたことだ。「オーガスタ」と呼ばれるこの原子炉はストックホルム中心地から数キロメートルしか離れていない丘の中腹に横穴を掘って設置された。天然ウランを燃料に、減速材は重水とし、冷却材は蒸気を供給することから普通の水が使われた。高温高圧の水は、蒸気発生器に送られ、そこで二次系の水を沸騰させてタービンを回して電気を起こし、仕事を終えた蒸気は暖房用として利用された。まさに都市型民生炉として注目を集めた。一九六三年のことである。世界が大型化によるスケールメリットを追求する中で、あえて小型炉を選択し、寒冷地の特徴を生かした運転入りは賞賛されてよいだろう。

オーガスタ炉は化石燃料市場の世界的な軟化基調もあって経済性が後退、結局、一〇年後の一九七三年には閉鎖された。皮肉なことにこの一九七三年は第一次石油危機が発生し、石油価格が高騰した年でもあった。

オーガスタ炉の運転経験を通してスウェーデン技術者の間で話題となったのは蒸気発生器の存在である。

蒸気発生器は一次系の熱を二次系に伝えるという熱の交換器である。したがって熱の交換は表面積が広いほどよい。それゆえ、性能は精密機械並みとなる。また、高温高圧下での激しい沸騰という物理運動や化学的な腐食もあって、蒸気発生器の寿命は短く、結局、コスト高となってくるのではないか、というわけだ。このスウェーデン技術陣の先見性は、後日、世界各国で現実化することになる。

○「技術は単純な方がよい」

スウェーデンの原子力開発を見る上で欠かせないのが、現実的な見極めだ。アメリカが核燃料の濃縮サービスを開放すると、スケールメリットが期待できない天然ウランを使った重水炉路線を転換、軽水炉に切り替える。重水炉は技術的な課題が多く、スウェーデン一国で解決するには時間や資金面からも限界があるのに対し、一方の軽水炉は世界各国で運転され、その技術的な蓄積は他の原子炉を圧倒していた。もはや、重水炉に固執している時代ではなかった。

重水炉に替わって軽水炉を同国原子力政策にすえつけたスウェーデンが次にとった選択は、これまたユニークなものだった。世界で圧倒的な支持を集めていた加圧水型軽水炉（ＰＷＲ）ではなく、沸騰水型軽水炉（ＢＷＲ）を選択したからだ。その背景には、蒸気発生器を必要としない軽水炉だったからがある。技術はできるだけ単純な方がよい、という理由からだ。

さらにもう一つ。アメリカからの導入炉ではなく、自主技術で開発に乗り出したことだ。高い工業力をもつスウェーデンとはいえ、この選択がどれだけのものであったかは、世界の原子力開発の歴史からも実感できる。当時、ＢＷＲ開発に手を染めていたのは、アメリカ、ソ連、スウェーデンの三か国のみ。アメリカはゼネラルエレクトリック社（ＧＥ）が一九六〇年にドレスデン1号を皮切り、数多くのＢＷＲの実績を残した。ソ連は一九六六年、出力六万キロワットの現在も稼動中のＢＷＲをウリヤノフスクに建設した。そしてスウェーデンでは一九七二年の運転入りを皮切りに九基のＢＷＲを稼動させ、この間、フィンランドには二基のＢＷＲを輸出した。

通常、原子炉開発では、国内市場でまず需要があることが求められる。海外への輸出炉があればもっとよい。単独の製作よりも複数の原子炉を設置する方が安上がりであるからだ。

原子炉メーカーであるアセア社は一九六九年、ＡＢアトムエネルギー社と折半の出資で、アセア・アトム社を立ち上げる。これは、スウェーデンでの軽水炉建設を大同団結して作り上げていくというもので、技術や人材が散逸しないようにした賢明の選択だった。

○見直しを良しとする国民性

スウェーデンという国について識者の一部は、「実験の国」として見る向きもある。高福祉国家である同国では、さまざまな政策を取り入れるに当たって、実際に導入して運用し、問題がなければ取り入れ、支障があれば止めるということを繰り返してきたからだ。そのことが「実験の国」と呼び名を生んだ。

原子力発電の問題でも、この「実験」が行われた。電力の半分以上を原子力発電に頼っているにも関わらず、アメリカで発生したスリーマイル島原子力発電所事故を受け、翌一九八〇年、原子力発電の是非について、国民投票を実施したのだ。その結果、二〇一〇年までに運転中の一二基の原子炉すべてを閉鎖することになった。だが、閉鎖されたのは一九九九年と二〇〇五年に閉鎖されたバーセベック原子力発電所の二基のみで、一〇基はいまも運転中だ。閉鎖された二基分も、既存の原子力発電所で出力増強が行われたため、閉鎖分をカバーするまでに拡大、実質的には閉鎖前の水準にまで戻している。

二〇〇六年には、社会民主労働党政権から中道右派四党（穏健党、自由党、中央党、キリスト教民主党）による連立政権が一二年ぶりに実現、二〇一〇年としていたこれまでの原子力発電所の全廃期限を撤回するまでになった。二〇〇九年二月には脱原子力政策を転換、新規原子力発電所の建設容認や運転中の原子力発電所の出力アップを認めるとしている。

政権与党が原子力容認へ動いた背景には、過去一〇年間、国民の八割近くが原子力発電を支持してきたことが影響している。国民の多くは、脱原子力が、現実から乖離していることを肌で知っているからと見られている。

○「技術か民主主義か」

このスウェーデン人のユニークさについて朝日新聞のコラム「天声人語」は一九八九年四月一六日付けで、次のように記している。

「スウェーデンという国は未来の実験室のようなところがある。いまも国民投票に基づいて、国内の原発一二基を二〇一〇年までに段階的にやめていく政策を進めている。同国のローデ・エネルギー長官が先週、東京で開かれた日本原子力産業会議の討論会で集中砲火を浴びた。（略）すぐれた原子力技術をもって、電力の半分を原発に頼っているスウェーデンの転身は、推進側には目の上のこぶに映るらしい。（略）だが、スウェーデン国民が聞いたら『ちょっと待った』というかもしれない。かれらは指摘された困難を承知のうえで、野心的な実験に乗り出したのだから。（略）こうした挑戦ができる社会は興味深い。『ノーベル賞の国が科学文明への不信を増大することを恐れる』という発言もあったが、心配のしすぎではないだろうか。先月、東京での原子力ジャーナリスト国際会議で、スウェーデンの記者がもらした言葉を思い出した。『私自身は、自国民の選択を合理的だとは思わないが、技術か民主主義か、と問われたら、民主主義をとりたい』」

スウェーデンというと、世界に冠たる福祉国家をイメージする。ゆりかごから墓場まで、その高福祉社会を支えているのは、現役世代の高負担だ。自然環境にも恵まれ、国土の至るところに湖沼が散在する。スウェーデンを代表する自然美だ。だが、その水の循環となると、数百年単位のオーダーとなる。湖沼が汚染されてしまうと、元の状態に戻るまでには気の遠くなるような時間が要求される。同国の発電を二分する水力と原子力は、この壊れやすい環境への配慮から、論議されている。

第三章　最初の日本人たち

陸・海軍で開発がスタート——安田武雄と仁科芳雄

○陸軍研究所、戦前に開発を委嘱

日本で原子爆弾の可能性を考えた人は誰か。

さまざまな論文から総合するに、理化学研究所の仁科芳雄博士に落ち着く。仁科は一九二三年から二八年まで、ノーベル物理学賞を受けたデンマーク・コペンハーゲン大学のニールス・ボーアのもとに留学するなど、当時、日本を代表する物理学者だった。ノーベル物理学賞を受けた湯川秀樹や朝永振一郎らを育て上げるなど、「日本の現代物理学の父」とも呼ばれている。

一九四〇年のある日、その仁科を知る陸軍航空技術研究所長の安田武雄は、新宿から立川に向かう途中、仁科と出会う。その会話の中で、安田は仁科の口から原子爆弾製造に協力する用意がある旨の言葉と接する。そのときの様子を安田は戦後の一九五五年七月、「日本における原子力爆弾製造に関する回顧」（元陸軍航空本部長名）と題する論文の中で詳細に当時の状況について記している。日本陸軍の中枢でかつ原爆製造計画の責任者でもあっただけに、その記述はきわめて興味深い。以下にそのエッセンスを紹介しておこう。

「昭和一五年（一九四〇）の半ばも過ぎた某月某日、当時陸軍航空技術研究所長の職にあった私は、列車の中で、Y博士を伴った仁科博士――以前から研究業務を委嘱していた――の口から初めて、原子爆弾の製造に関する実験研究に着手する用意がある旨の申し出に接した。語る人もいささか勢い込んだ様子に見えたが、聞く私も今の今まで、遠い未来の夢だとばかり考えていたことが、にわかに現実の問題として身近に迫って来るのに対し、心おのずとハズむのを禁じ得なかった。後で思えば、これが日本における原爆の研究、くわしくは日本陸軍航空における原子爆弾製造に関する研究の発端であった。爾来およそ二年有半研究は主として、理研二科研究室を中心に推進せられたのであるが、昭和一八年中端――ちょうど私が陸軍航空本部長に就任して間もない頃――に至り、やっとU235濃縮の中規模実験にとりかかる段階までこぎつけ得た」

「他方、諸外国における原爆研究の状況はどうであったろう。その当時においても、またその後においても、同盟国側、敵国側、いずれからも、情報は全然入ってこない。かかる情報部面における空白こそ、実は大なる情報であったかも知れない。一体第二次世界大戦中に原爆なるものは完成する可能性があるのやら、ないのやら、それは大なる疑問である。もし完成し得るものとすれば、先鞭をつけるのは、恐らく米国であろう。いざとなれば、どんな思い切ったことでも強行する米国のことだから、あるいはとっくにそれを完成して、ただ一撃、直ちにわが方の息の根をとめるべき好機をねらっているのかも知れない。これに反し、わが方では短期間に研究を完結することは、まずおぼつかない。そうかといって、彼が原爆攻撃に出て来た場合、よし我に報復反撃の力はないにしても、せめて原爆の正体をつかむ位の準備がなくてはならぬ。さればどんなに、当面緊急の課題が山積重畳していようと、原爆の研究だけは是が非でも遂行しよう。よって爾今、この研究を航空本部の直接管理に移し、人的物的に最優先の処置を講ずることとした」

仁科芳雄

研究所で安田は部下の鈴木辰三郎中佐に原爆製造に関する調査を指示する。その鈴木は「原子爆弾の製造は可能である。ウラン資源も国内にある」とする報告書をとりまとめ、安田に提出する。太平洋戦争に突入する半年前の一九四一年六月、安田は理化学研究所の仁科研究室に「原爆の研究」を正式に委嘱する。そして同年一二月八日、日本軍は、米ハワイの真珠湾を奇襲、無謀な戦争へと突入していくことになる。

○海軍は核応用委を立ち上げ

太平洋戦争の突入から半年後の一九四二年七月、海軍も「核物理応用研究委員会」を設け、原爆の研究開発に着手している。海軍の方は短兵急だった。「戦争が終る前までに原爆を完成させる」というのが命題だった。

陸・海軍の研究の双方にも仁科は顔を連ねたが、陸軍では理研の仁科研究室が、海軍は京都大学教授の荒勝文策らが中心となって実験研究が進められた。ウランの分離・濃縮では、陸軍が「熱拡散法」を、海軍は「遠心分離法」を採用、開発に力を入れた。だが、両者ともウランの分離・濃縮では難渋した。

天然ウランとフッ素を化合させると、気体の六フッ化ウランができる。その気体を熱すると、軽いウラン235は上へ、重いウラン238は下に集まる。その差を利用してウランを分離しようというのが「熱拡散法」だ。一方の「遠心分離法」は遠心力を応用したもの。高速で回転する遠心機の外側には重いウラン238が、軽い235は内側に集まりやすい原理を利用し、ウラン235と238を分離・濃縮しようとするものだ。

だが、開発は予想以上に困難をきわめ、海軍の核物理応用研究委員会は一九四三年三月に解散した。陸軍の仁科研究室も一九四五年六月二三日、研究を打ち切った。「この戦争が終る前までに原爆を完成させることは不可能。アメリカも作れないだろう」というのが開発中止の理由だった。

この間、兵器の調達や戦争続行に向けた資源確保を担当する陸軍の兵器行政本部も平行して、国内はむろんのこと、朝鮮半島や中国北東部の満州まで手を広げ、ウラン資源の探査を行ったものの、はかばかしい成果を上げることができなかった。

日本側は、「アメリカも原爆製造は不可能」とみての研究中止だったが、そのアメリカは「マンハッタン計画」を着々と進め、一九四五年八月六日には人類初の原子爆弾を広島に落とす。八日には長崎の上空で炸裂させた。

アメリカはこの原爆製造に全米の科学者や技術者を動員した。開発資金も潤沢に投入した。国家プロジェクトとなった「マンハッタン計画」の成果だった。もとより、日本の陸海軍での研究開発とは、人材の投入規模でも、財政面でも比較にならないものだった。

○民間からも研究開発の動き

陸・海軍がウランの分離・濃縮の研究をスタートしたほぼ同時期、産業界からも研究開発に乗り出した人物がいる。その一人に日立製作所日立中央研究所主任研究員だった神原豊三がいる。大学で物理学を学んだ神原は、かねてから毎号ごとに目を通していたアメリカの物理学会誌『フィジカル・レビュー』などから、一九三九年にドイツのオットー・ハーンとリーゼ・マイトナーが発見した核分裂現象などをいち早く知るなど、最新の動きにも敏感だった。

一九四一年、神原らは、効率よく核分裂の連鎖反応を起こすには、ウランの分離・濃縮が必要と研究に着手した。開発チームが手を染めたのは仁科グループが進めた「熱拡散法」だった。

だが、神原らが意気込んで取り組み始めた研究開発も、一二月八日に始まった太平洋戦争の突入であえなく頓挫した。戦争中の神原はロケット燃料の研究に駆り出された。

戦後も、神原と原子力の関係は切れることがなかった。神原は世界の原子力研究開発に精通していたことなどから各種の研究会や政府の審議会メンバーに請われた。一九五五年八月、ジュネーブで開催された国際連合主催の第一回原子力平和利用国際会議では、政府代表団の技術顧問として迎え入れられた。また、一九五七年八月二七日、日本で初めて原子の火が灯ることになった日本原子力研究所の研究炉では、工程管理の総責任者として力を発揮し、臨界の現場に立会った。

数多くの研究者が寝食を忘れ、営々と蓄積した貴重な実験記録や設備も終戦によって棄却または焼却、あるいは散逸によって、一切が空に帰した。加えて、GHQ（連合国軍総司令部）によって、日本の原子力研究が禁止されるに及んで、わが国の原子力界はその時期、停滞を余儀無くされた。だが、平和条約の締結による主権の回復によって、平和利用三原則のもと、原子力研究開発は復活していくことになる。

国民的な議論の広がりの中で——リードする「学者の国会」

◯中核となった第四部会

終戦まもない一九五〇年代初期、一般の人たちが原子力の世界を理解することは不可能だった。それができたのはほんの一部の学者に限られていた。加えて、占領軍であるGHQ（連合国軍総司令部）によって、日本は原子力研究の一切が禁止されていたから、原子力について理解を示す科学者・専門家は極端に少なかった。

そのような状況下、当時の日本で原子力問題について常にリードしたのは一九四九年一月二〇日に発足した「学者の国会」といわれた日本学術会議だった。なかでも、理学を扱う第四部が中核となった。その中でも、部会長の茅誠司・東京大学教授と伏見康治・大阪大学教授が論議を引っ張った。茅は金属工学の権威で、伏見は理論物理学を専門としていた。二人は今後の科学技術の発展に原子力は欠かせないという認識で一致していた。一刻も早く、研究に着手すべきだと思っていた。

二人は講和条約による独立を待ちわびるように、動き出す。

一九五二年七月二五日、第四部会が開催され、茅と伏見は原子力研究の円滑な推進を図るため、政府内に原子力委員会の設置を柱とする独自の案を提起、伏見がその基礎調査を担当することとなった。

「科学技術の革新的な新分野である原子力について学術会議が何もしないのはよくない。原子力研究を進めるには大きな機構と資金を必要とするから、政府部内に委員会（原子力委員会）を設けるのが適当ではないか」というのが茅・伏見両氏の考え方だった。

一〇月二三日、午後の総会に先立つ午前、第四部会が開催され、茅と伏見は部会の決議として二人の提案を総会にかけることを会員に訴える。だが、第四部会の他の会員からの声に、その提案もかすんでいく。「米ソ間の緊張がとけるまで日本は原子力の研究をすべきではない。そのために原子力研究が遅れても止むを得ない」「原子力研究が核兵器の製造へと結びついていくことはないのか」「平和利用の担保をどう取り付けていくのか」…。

○会員の九一％が投票に参画

なかでも自ら広島で被ばくした三村剛昂・広島大学教授からの指摘は、部会の論争を一挙に高めた。三村会員は、アインシュタイン博士が日本の出版社に寄せた「日本人に対する弁明」の中で触れている一文を引用、原子力委員会の設置勧告に対し反対を表明したのだ。「原子爆弾の可能性を調べるための研究が必要」とするアインシュタイン博士のルーズベルト米大統領への進言は、戦局の打開を図るための当初予算六〇〇〇ドルが天文学的に拡大し、全米の科学者・技術者を動員しての原爆製造計画へと走り出すことになる。この客観的な事実から三村教授は、原子力委員会の設置勧告に強い危惧を抱くと訴え、多くの会員の共鳴を得た。結局、第四部会としては「部会として総会に提案すること」に、「二一対四」で否決した。

このため茅・伏見の両氏は「部会提案」ではなく「会員提案」として午後の総会に提出することにしたものの、その総会でも反対意見が強く紛糾、議事は難航した。結局、我妻栄副会長が間に入って、「原子力問題を検討する委員会を学術会議内に設置し、明年四月の総会で改めて諮る」とする提案で事態が収拾された。

これを受け、一九五三年一月、学術会議は原子力問題を審議する「第三九委員会」を設置した。

この一九五三年は海外でも原子力をめぐる動きが活発化した。原子力科学を独占する大国アメリカでは一二月八日、アイゼンハワー大統領が国連総会の演説で、歴史的な原子力政策の転換を示す「平和のための原子力（アトムズ・フォア・ピース）」を発表したのだ。それは、原子力にかかわる一切の物質、情報を封印してきたこれまでの対外政策を一八〇度転換するものだった。原子力平和利用の拡大に向け、積極的に科学情報を供出し、必要ならば核物質の提供も行う用意がある、とする。

翌一九五四年八月三〇日にはこの大統領提案を受け、米原子力法が大幅に改正されることになる。

その内容は、①それまで一切禁止されていた友好国との原子力協力に道を開く、②民間企業参加の機会を大幅に広げる、③原子力情報資料の管理手続きを大幅に緩和する、というものだ。

こういった内外での原子力をめぐる報道もあって、一九五三年一二月一〇日に締め切られた学術会議の会員選挙では、有権者約八万人のうち、じつに九一％が投票に参加するなど、原子力問題は国民的な広がりを示した。

○「自主・民主・公開」を採択――原子力三原則

「第三九委員会」では、理学分野を専門とする第四部会にとどまらず、文系、法系、経済系といった他の部会に所属する会員を巻き込んだ議論が展開された。一九五四年三月一一日に開催された委員会では、伏見教授から「原子力憲章草案」が発表された。

このようなプロセスを経て、日本学術会議は四月二三日、日英文の「原子力に関する平和声明」を採択する。声明は次のように主張する。

「わが国において原子兵器に関する研究を行わないのはもちろん、外国の原子兵器と関連ある一切の研究を行ってはならないとの堅い決意をもっている。われわれはまず原子力の研究と、利用に関する一切の情報が完全に公開され、国民に周知されることを要求する。また、いたずらに外国の原子力研究体制を模することなく、民主的運営によって、わが国の原子力研究が行われることを要求する。さらに、日本の原子力の研究と利用は、日本国民の自主性ある運営のもとに行われるべきことを要求する。これらの原則が充分に守られる条件のもとにのみ、わが国の原子力研究が始められなければならないと信じ、ここに声明する」

のちに「原子力三原則」と呼ばれる「自主・民主・公開」はこうして生まれた。

○時代を先取りした武谷三男

原子力三原則は、これまで見てきた通り、日本学術会議での活発な論議を経て、一九五四年四月二三日の総会で採択された。原子力平和利用を進めるにあたっては、民主的な運営の下、自主的にこれを行い、その成果を公開する――というものだ。

だが、この基本的な考え方は、日本学術会議が決議を採択する二年前の一九五二年、理論物理学者である武谷三男・立教大学教授が、雑誌『改造』一一月号ですでに発表していた。

武谷は戦時中、理化学研究所の仁科芳雄研究室で原子爆弾の理論計算を行っていた。終戦後の一九五〇年には『原子力』という本を毎日新聞社から出版するなど、早くから原子力問題では一見識をもつ学者だった。

武谷は『改造』の中で主張する。

「日本人は、原子爆弾を自らの身にうけた世界唯一の被害者であるから、少なくとも原子力に関する限り、最も強力な発言の資格がある。原爆で殺された人々の霊のためにも、日本人の手で原子力の研究を進め、しかも、人を殺す原子力研究は一切日本人の手では絶対に行わない。そして平和的な原子力の研究は日本人は最もこれを行う権利をもっており、そのためには諸外国はあらゆる援助をなすべき義務がある。ウラニウムについても、諸外国は、日本の平和的研究のために必要な量を無条件に入手の便宜を計る義務がある。

日本で行う原子力研究の一切は公表すべきである。また、日本で行う原子力研究には、外国の秘密の知識は一切教わらない。また外国と密接な関係は一切結ばない。日本の原子力研究所のいかなる場所にも、いかなる人の出入りも拒否しない。また研究のためいかなる人がそこで研究することを申し込んでも拒否しない。以上のことを法的に確認してから出発すべきである」

○熱帯びる原子力委員会の設置問題

翌一九五五年になると、八月八日から国連主催の「第一回原子力平和利用国際会議」がジュネーブで開催されるなど、原子力利用に向けた熱気が世界各国に燎原の火のように広がった。日本でも、原子力研究開発を一元的に取り仕切る原子力委員会の早期設置が一段と熱を帯びるようになった。

これらを踏まえ、政府は、原子力基本法、原子力委員会設置法などの法案を国会に上程、年の瀬が迫った一二月一六日、法案が可決される。これによって、一九五六年一月一日、原子力委員会の発足が決まった。

ケンブリッジ大学キャベンデッシュ研究所、ゲッチンゲン大学、そしてコペンハーゲン大学のボーア研究室と、七年余りを欧州に滞在した仁科にとって、日本の科学技術のレベルは身をもって熟知していた。その日本がアメリカや欧州列強を相手に開戦することには反対していた。欧州から帰国後は理研の長岡半太郎研究室に所属するが、自ら仁科研究室を立ち上げ、指導者として若手研究者の育成に力を入れる。日本の物理学界の大御所といわれる仁科研究室から巣立った研究者は数多い。

政財界、原子力推進へ具体策着々――大同団結と初の原子力予算

○スガモプリズン

戦後の日本にあって、原子力の平和利用の情報と初めて接したのは、戦犯として巣鴨プリズン（刑務所）に入っていた人たちといえる。

一九四八年一二月二四日、一七名の戦犯が釈放された。追放解除である。その一人である元内相の後藤文夫は出迎えた関係者に、次のように語ったとされている。

「巣鴨プリズンの中で向こう（アメリカ）の新聞を読んでいたら、あっち（アメリカ）では原爆を使って電力にかえる研究をしているそうだ」

この追放解除の中には、東条内閣で商工相を務めた岸信介もいた。岸はこの釈放から九年後の一九五七年に首相に就任、改造内閣では原子力平和利用の推進に執念を燃やす正力松太

郎を科学技術庁長官、原子力委員長として、復帰させる人事を行っている。

○中心に電力経済研究所

産業界からも原子力平和利用の動きが出始める。

スガモプリズンから出ると早々、後藤は「アメリカでは原爆を使って電力にかえる研究をしているようだ」という言葉を発したわけだが、この言葉を耳に挟んだ一人に日本原子力産業会議生みの親となる橋本清之助がいる。橋本は後藤文夫が斎藤実内閣で農相を務めたとき、秘書官として支えるなど、後藤とは特別の関係にあった。橋本は、国策会社である日本発送電（日発）の解体（一九五一年五月）を記念としてその年の一〇月に作られた電力経済研究所の常務理事をしていた。

この後藤の話から橋本は、電力経済研究所の研究テーマとして原子力をとりあげることにする。戦後の復興に原子力は欠かせない力になるのではないか、ということで、早くから講師を招いて勉強会を行うまでになる。

解体まで日発の総裁にあった理事長の小坂順造も、原子力問題については当初から強い関心を示していた。当時の事情について、『小坂順造追悼録』は次のように回顧している。

「米英ソなどの諸国では、原子力の平和利用がやかましく論ぜられるようになり、原子力を発電に利用する可能性について研究を進めるに至ったので、小坂はいち早くこの問題を電力経済研究所の研究課題としてとりあげた。当時、国内にあっては、東京大学の茅誠司博士、大阪大学の伏見康治博士ら五、六人が研究していたが、活動に必要な資金や会合場所もなかった。〝研究課題としてとりあげる〟という小坂の提案は、茅や伏見を喜ばせた。その結果、電力経済研究所に〝新エネルギー研究委員会〟が設けられた」

電力経済研究所は一九五四年三月二日、東京駅ステーションホテルで「新しいエネルギー源――原子力」と題する講演会を開催する。講師には茅誠司・日本学術会議会長、杉本朝雄・科学研究所（現理化学研究所）主任研究員、伏見康治・大阪大学教授、田中慎次郎・朝日新聞調査研究室長だった。

また同研は、一九五四年六月一八日、『原子力の産業利用に関する建議書』を政府に提出している。その内容は次のようなものだ。

①わが国の原子力利用は、平和利用に限定し、長期的な見通しに基づいて、総合的な計画を策定すること。②一九五八年までに実験用小型原子炉の築造を完成させること。③一九六五年前後には外国より発電用原子力プラント輸入の可能性が開かれることを考慮し、これに自主的に対応し得るよう原子力研究体制を整えること。

○民間側、正力委員長の要請で結束

一九五四年の年末になると、有力企業による団体が発足する。「原子力発電資料調査会」である。民間による横断的な原子力研究のはじまりだ。物理、化学、冶金、電気、機械、経済の六部が設けられ、海外からの論文の翻訳を積極的に行った。ちょうど翌年の一九五五年八月には国連主催による第一回原子力平和利用国際会議が開催され、会議で発表された論文が資料調査会によってそれぞれ翻訳され、各方面から貴重な資料として重宝された。

さらに一九五五年四月になると、正力松太郎（読売新聞社主）、石川一郎（経済団体連合会会長）らの財界が中心となって「原子力平和利用懇談会」が結成される。この時点で、日本の民間では、電力経済研、資料調査会、懇談会の三つが共存するようになる。

この中でも電力経済研は六月、新エネルギー研究委員会の発足一周年を期し、その名称を「原子力平和利用調査会」と改称すると同時に、アメリカ原子力産業会議（ＡＩＦ）に加盟し、原子力の国際動向の情報収集にさらに力を入れるようになる。

原子力委員会がスタートした一九五六年、利用調査会では民間産業界の連絡会を設置すべきとする論議が湧き上がった。この動きに初代原子力委員長の正力松太郎が飛びつく。正力委員長は一月二〇日、利用調査会、電気事業連合会、経団連の幹部を官邸に招き、産業界としての大同団結を要請する。この正力委員長の要請を受け、利用調査会、資料調査会、懇談会の三者が合併、約三五〇社・団体からの支援を得て、一九五六年三月一日、日本原子力産業会議（原産）が発足する。

巣鴨プリズンから出てきた後藤の発言以降、原子力問題に強い関心を示してきた橋本は、この原産の設立に尽力、その後の事業の円滑化に力を注ぐことになる。その原産は二〇〇六年六月、組織名を「日本原子力産業協会」として再スタートしている。

○二人の政治家と初の原子力予算

わが国原子力予算の生みの親は誰か。

定まっているわけではないが、その端緒は改進党の斎藤憲三代議士だったといわれる。原子力研究利用の進め方を巡って、学界内で熱い論議が行われていた一九五四年二月二〇日、斎藤は改進党秋田県連大会に出席して帰京するさい、列車の中で同僚と話し合っている時、同氏が提案したとされる。この席には同党の予算委員・稲葉修らがいて、斎藤の発言に同調した。帰京後、斎藤らは、同じ予算委員である中曽根康弘に話す。かねてから原子力の推進に積極的だった中曽根は原子力の予算化に賛意を示し、修正案に原子力予算を盛り込む。この改進党、自由党・日本自由党の三党修正による原子力予算は国会で承認されることになる。

当時の状況について中曽根は『原子力開発十年史』（日本原子力産業会議）の中で、次のように寄稿している。

「たまたま、三党で予算を修正するというチャンスがやってきた。私はこの時とばかりに予算の修正項目に、原子炉予算とウラン探鉱費二億五〇〇〇万円を入れた。相談したのは川崎秀二代議士と稲葉修代議士だった」

どちらが先に言い出したかは不明だが、諸説を総合すると、斎藤・中曽根の二人が日本で最初の原子力予算の推進者ということができようか。

なお、原子力について最初に目をつけた政治家となると、中曽根に落ち着く。マッカーサー連合国最高司令官に建白書を提出し、戦後いち早く海外の原子力施設を訪問するなど原子力にはことのほか力を入れていた。一九五一年一月には、対日講和条約の打ち合わせのため来日したジョン・ダレス特使（一九五三年に国務長官）に、日本の原子力平和利用への道を閉ざさないように要望書を手渡すなど、その慧眼と行動力はかねてから注目されてきた。

○憶測呼んだ「ウラン235」予算

こういった予算をめぐる動きは、当然の結果として、報道されていくことになる。一九五四年三月二日、朝日新聞は一面トップ記事として日本初の原子力予算について報道している。そこには「予算折衝ついに妥結、三党で共同修正案」という見出しが躍っている。その中に箇条書きとして列記された項目の一つに原子力予算があった。

「科学技術振興費三億円（原子炉製造費補助二億六〇〇〇万円、ウラニウムなど新鉱床探鉱費一五〇〇万円、ゲルマニウム精錬技術及び応用研究費八〇〇万円その他）」

この予算案は、その後の国会審議の過程で「原子炉製造費補助」が「原子力平和的利用研究費補助金」に改められ、金額は二億三五〇〇万円となった。この「二億三五〇〇」という数字は、核分裂性物質である「ウラン235」に合わせたものではないか、という憶測まで生んだ。この予算は通商産業省の工業技術院につけられることになった。

○反発する学術会議

突如として出現した原子力予算に驚いたのが学界である。

新聞紙上で原子力予算を知った日本学術会議の茅誠司・第四部長と会員の藤岡由夫・東京教育大学教授はその日の午後、改進党の議員控室で斎藤・中曽根と会う。茅・藤岡が問題視にしたのは、学界側の意見を聞くことなく予算化したこともあるが、問題は原子炉製造費補助の二億円余だ。両氏は主張する。

「いまの日本で原子炉を作るべきだと考えている学者は一人もいない。また、原子炉を製造できる会社や研究所など、どこを探してもない」「作るまえにやるべきことが山積している。まず専門家の意見を集約し、作ると決まったら原子炉の材料をどうするか、燃料をどうするか、立地をどこにするか……」

この学界の動きに呼応するように、朝日新聞は三月四日の社説に「原子力予算を削除せよ」という主張を展開している。今日からするとかなり過激な社説だった。原子力予算を盛り込んだ国会議員を念頭に、次のように主張する。

「この費目を担ぎ出した議員たちは、おそらく原子力問題の重要性を、政治家として認識した先覚者のつもりでいるかもしれないが、日本の現状に照らして、実はこれほど無知をさらけ出した案はないのである。もし、この案が、このまま国会を通るなら、それは同時に国会の無知ということにもなりかねない」

「原子炉製造費補助というが、いったい、どこの、だれが、日本で原子炉製造計画を、具体的に持っているのか。われわれの知る限りで、そのような具体的計画は、まだ存在していないのである。具体的な計画がないのに補助費とは、何としたあいまいな予算であろうか。こんなに、あいまいな予算案は、日本でもおそらく初めてであろう。……（略）原子炉の建設は、素人が考えるほど簡単なものでもなく、金さえ出せば、いつでもできる性質のものでもない」

○内閣に連絡組織

こういった指摘や声に、斎藤・中曽根両氏は次のように反論したといわれる。

「いま能力がないからといって、何もしないでいてはいつまでたっても力がつかない。世界の情勢を見れば、この予算のもと、すみやかに調査を始める必要がある。少なくとも調査団を原子力先進国に派遣し、世界の情勢と日本としての対応を考えるべきだ。そのための予算処置だ」

五月一一日になると、原子力予算の実行連絡組織として、内閣に原子力利用準備調査会が発足する。委員長には緒方竹虎副総理が就任、学界側から茅誠司・日本学術会議会長、産業界側から石川一郎・経団連会長らが委員として名を連ねることになる。

結局、学術会議側は、原子力予算に遺憾の意を表明するとともに、今後、原子力の重要問題では学術会議に諮問するよう会長名で首相に申し入れを行って落着した。

原子力平和利用に積極的な政財界と、慎重な学界側――原子力黎明期の日本の原子力開発に対する取り組み方を一口に言うと、こう表現できようか。その中で、二人のメディア関係者がそれぞれの立場で原子力の推進を支えているのは興味深い。読売新聞社主の正力は、実用原子炉の実現を急ぐあまり、自ら政界に打って出るほどの行動派。見事に当選を果たし、初代の原子力委員長に就任する。一方の朝日新聞調査研究室の田中慎次郎は学級肌。この両者の違いは、そのまま社論に反映され、その後の世論形成に大きな影響を与えることになる。

導入炉めぐり侃々《かんかん》諤々《がくがく》——メディア王の執念

○「原子力の父」

正力松太郎というと、「…の父」という冠が外せない。「メディアの父」そして「原子力の父」という横顔である。

一九二四年、虎ノ門事件の引責で警視庁を退いた正力は、政治家・後藤新平から一〇万円の融資を受け読売新聞を買収、社長に就任する。当時六万部足らずだった読売新聞を、ラジオ面の新設、日曜夕刊の発行、囲碁対局の掲載、日米野球の開催などによって大幅に部数を伸ばし、一〇年後の

正力松太郎

一九三四年には一〇倍近い購読者を獲得するまでになる。さらに独白のカンとアイディアによって、ライバル紙を次々と抜き、一九六七年には五〇〇万部を突破、日本を代表する有力紙に育て上げた。

テレビの事業化にも尽力、民間初のテレビ局である日本テレビを立ち上げてその社長に就任、マス・メディア界の巨人として活躍する。プロ野球の育成にも貢献したのはよく知られるところだ。

読売新聞は正力の死後も部数を伸ばし、一九九四年には一〇〇〇万部を誇る日本最大の新聞となった。

○原子炉導入の立役者

正力はもともと「科学」に関心が強かったようだ。それは、読売新聞買収後の三年後の一九二七年（昭和二年）には「科学のページ」という面を新設していることからもうかがい知ることができる。昭和初期、科学ニュースを一ページ割き、定常の欄とした編集スタイルは、日本初のことである。戦後の一九四九年、湯川秀樹・京都大学教授が日本人科学者として初のノーベル物理学賞を受賞すると、翌一九五〇年には「湯川奨学金基金」を創設、科学者の育成・支援に乗り出している。

一九五二年、講和条約の発効によって原子力研究の禁止が解かれると、これからは原子力の時代として、一九五四年の元旦号から「ついに太陽をとらえた」と題する三一回の原子力平和利用を解説したコラムを連載し、好評を得る。この連載は後日、単行本として刊行され、ベストセラーとなった。

正力の原子力に対する強い思い入れは、柴田秀利という参謀役の部下をもっていたことも強く影響していたとされる。柴田は一九四〇年、報知新聞(のち読売新聞に合併)に入るが翌年応召して中国に出征、帰国後、読売に復帰する。堪能な英語力をこなし、アメリカ政府要人と接触する中で、アメリカの対外文化戦略などの情報を正力の耳元に届けた。その一つに原子力の平和利用があった。

決定的となったのは、一九五四年一二月、柴田のそれまでの尽力が実って、アメリカからの原子力平和利用使節団の来日が決まったことだ。ゼネラル・ダイナミックスのホプキンス会長を団長に、ノーベル物理学賞のアーネスト・ローレンス博士など一行五名である。

使節団の来日を目前にした一九五五年二月、「原子力の平和利用の推進を図るには政治家になるのが一番」と、衆議院選挙に富山二区から立候補、当選を果たす。正力は「原子力平和利用の推進」を選挙公約にした初めての代議士となった。

国会議員のバッジを手にした正力は、使節団の来日を効率かつ実りあるものにするため、一九五五年四月、財界・学界六六人の賛同者を得て「原子力平和利用懇談会」を発足させる。懇談会は、政財界との意見交換の場として活用された。

一九五五年五月、原子力使節団は日本各地で熱狂的に迎えられた。この動向に刺激された国会では、超党派の「原子力平和利用委員会」が設置され、衆参両院共同提案による原子力平和利用促進が決議されるまでになる。

アメリカ使節団の熱気が残るなか、正力はさらに米海外広報庁と掛け合い、「原子力平和利用博覧会」の開催にこぎつける。一一月、東京・日比谷公園で開催されたその博覧会には、六週間あまりで約三七万人が会場につめかけた。博覧会は一二月一二日に閉幕するが、引き続き、名古屋、大阪、福岡、札幌など全国一〇都市を巡回、好評を博した。

◯「五年以内に原子炉」で紛糾

こういった正力の実績と行動力が評価され、一九五五年一一月二二日に発足した第三次鳩山内閣で正力は、原子力担当国務相として初入閣する。当初、鳩山首相は正力に対し、防衛庁長官の就任を要請したが、正力は「原子力をやりたい」と断った。鳩山はこの正力の言葉が飲み込めず、「原子力って一体何だい」と聞き返したという。

これほどまでの原子力に対する正力の思い入れは、どこから来ているのか。それは、入閣することで次期宰相の実現が近づきつつあった正力が、国のリーダーとして、相応しい功績の一つが原子力であったのではないかとみられている。

正力は一九五六年一月一日に発足した原子力委員会の初代委員長として走り出す。だが、スタートからわずか五日後、「五年以内に原子炉導入」という発言が委員内部から反発を招き、結局、ノーベル物理学賞の湯川秀樹委員が病気を理由に原子力委員を辞任するという事態に発展する。

一刻も早く実用原子炉を運転したい正力は、イギリスからコールダーホール型原子炉を導入することに成功する。また、この大事業をどこにやらせるかという受け入れ組織の問題では一貫して民間を主張した。コールダー型は十分に採算がとれ、民間で行った方が早期に実現できるというのだ。これに対し、同じ鳩山派ながら、実力者である河野一郎・経済企画庁長官は「初の原子力発電はまだ採算がとれるかどうかわからない。リスクが高い。国の機関こそふさわしい」と主張し、正力と対峙するようになる。

この「河野・正力論争」は、河野が譲歩する形で決着、原子力発電の専門会社である日本原子力発電会社の発足を促すことになる。また、円滑な原子力開発を推し進めるためには、民間からの声を調整する組織が必要として、アメリカの原子力産業会議（ＡＩＦ）にならい、日本原子力産業会議をスタートさせた。

正力はその旺盛な行動力で、日本の原子力平和利用の促進に大きな足跡を残した。

同じ派閥に属しながら、英国からの導入炉の受入れ機関を巡って、意見を対立させた河野一郎・経済企画庁長官と正力松太郎・科学技術庁長官。党人派の河野一郎は党内でも屈指な実力者。一方の正力は河野より年長ながら、総選挙で初当選したばかりの一年生議員。この論争は結局、河野長官が正力長官の熱意と行動力に一歩譲った形で決着した。正力の執念が生んだ政治決着といえる。

湯わかし型原子炉——初の原子の火

○「原子炉売ります」

英国炉の導入をめぐり日本列島が沸き立つ前、茨城県・東海村では、初の研究用原子炉の建設が着々と進められていた。この研究炉は日本原子力研究所に建設された。正式名はＪＲＲ１または研究用原子炉１号といわれる。ＪＲＲとはジャパン・リサーチ・リアクターの頭文字をとったもの。湯わかしの形に似ていることから別名「ウォーター・ボイラー」または「湯わかし型原子炉」ともいわれた。アメリカのノース・ウエスタン航空会社からの輸入炉である。

初の原子炉が「湯わかし型」となったのは、入社三年目の一商社マンに負うところが大きい。海外から優れた機械を輸入するセクションにいた商社丸紅の溝端康郎は一九五四年一月、アメリカの原子力専門誌『ニュークレオニクス』（一九五三年一一月号）で「原子炉売ります」という広告と出会う。広告主は「ノース・アメリカン航空」。「これからは原子力の時代」と商機を直感した溝端は早速、ノース・アメリカンとコンタクトをつけ、金額を含めた詳細な情報を手に入れることに成功する。このことが、初の原子力予算の登場で頭を悩ましていた通産省の一担当者の耳目にとまるところとなった。その後の溝端らとの接触を通して、通産省は一九五五年九月九日、原子力予算の会議で、日本で建設する最初の原子炉を「湯わかし型」にすることを決める。ほかに「プール型」「ＣＰ５型」も検討されたが、「湯わかし型」以外は、価格がわからなかったため、自動的に丸紅が落札することとなった。

○栄光の老兵引退に抗議のスト

炉本体は直径約三〇センチ。ちょっと大き目のやかんといったところ。その中に、燃料となる液体（硫酸ウラニル水溶液）がある。その液体の中を、熱を取り出すパイプが通りぬけている。熱出力は五〇キロワット。一九五六年三月から工事に着手、一九五七年八月二七日午前五時二三分に臨界、わが国で初めて原子の火がともった。

この研究炉はきわめて順調に運転を続け、一一月には定格熱出力の五〇キロワットを超える六〇キロワットを出すことに成功した。一二月に入ると医療用のアイソトープであるナトリウム24などの生産を行った。ナトリウム24は血液の流れかたを調べる放射性物質だが、半減期が一五時間と短いため、外国から輸入することができなかった。それが、ＪＲＲ１の出現によって、医師や研究者に供給できるようになった。

その後、この研究炉は大学や民間会社にも開放され、さまざまな研究に利用された。植物に中性子を当てて突然変異を起こさせる実験などだ。原子炉運転員の訓練や育成にも役立った。

このＪＲＲ１は、一一年後の一九六八年一〇月一日、老朽化のため運転を停止した。日本原子力研究所労働組合はこの「栄光の老兵」の引退に抗議してストライキまで決行したものの、「ＪＲＲ１の役割は果たした」とする原子力委員会の決定を覆すことはできなかった。

なお、研究炉開発ではその後、ＪＲＲ２（一万キロワット）が、そして国産一号炉としてＪＲＲ３（一万キロワット）が建設・運転されている。

ＪＲＲ１は日本初の原子炉である。「原子の火ともる」とは、このＪＲＲ１を示す。この研究炉のＪＲＲは、さらに2号、3号が建設され、日本の原子力研究の基礎に大きな足跡を残した。また建設に携わった人たちは、その後の本格的な原子力発電所時代を迎え、ベテラン技術者として大いに活躍した。日本の原子力発電は、英国からの発電炉が初めてのように受け取られ勝ちだが、その前段としてのＪＲＲの貢献を忘れることはできない。

国か、民間か——英国炉の事業主体めぐり論争

◯早期導入へ、正力の熱意

一九五六年は、日本の原子力開発体制が相次いでスタートした一年となった。原子力委員会（一月一日）、日本原子力産業会議（三月一日）、科学技術庁（五月一九日）、日本原子力研究所（六月一五日）、原子燃料公社（八月一〇日）と、原子力機関が相次いで創設された。

原子力開発体制が着々と整備されるなか、原子力利用促進の総元締たる原子力委員会では、日本として初の原子力発電の導入をどのように進めていくべきかが大きな問題となっていた。かねてから原子力発電の建設に積極的な正力松太郎・原子力委員長は、原子力委員会がスタートして一週間にも満たない一九五六年一月五日、「五年以内に実用規模の原子力発電所を建てたい」と発言、「まずは基礎研究から着実に行うべき」とする湯川秀樹委員など

から強い反発を受けていた。

　正力が原子力発電の建設に熱心だったのは、前年の一九五五年八月、ジュネーブで開催された国連主催の第一回原子力平和利用国際会議で原子力先進国である米ソ英仏が発電炉開発で確実な歩みを示していたことが大きく影響している。ソ連は前年の一九五四年八月にはオブニンスクで、五〇〇〇キロワットながら世界最初の原子力発電を運転させていたし、英国ではコールダーホール原子力発電所（六万キロワット）の建設が進むなど、その後の計画も目白押しだった。

　このなかでも、イギリスの原子力開発の動きに刺激された正力は、英国炉の導入に傾く。一〇月一五日には、石川一郎原子力委員（経団連会長）を団長とする訪英調査団を派遣するまでになる。調査団は帰国後、「一キロワット時当たりの発電単価は四円程度であり、採算性は十分にある。試験炉ではなく、すぐに発電できる実用的な動力炉とすべきだ」とする最終報告書を原子力委員会に提出、英国炉の導入が事実上、決まった。

○河野－正力論争

　英国炉の次に浮上してきたのが、原子力発電の事業主体をどの組織にやらすのか、という問題である。電源開発と日本原子力研究所が手を挙げた。電源開発は当時、主に水力発電開発を行う国策会社で、原研も国の研究機関。どちらも、円滑な原子力開発を推し進めるには、財政的にも保証されている国の機関がふさわしいと主張する。

石橋湛山政権の登場でいったんは閣外に去っていた正力だが、一九五七年七月一〇日、岸信介改造内閣の発足にともない、原子力委員長への復帰を果たす。そして、英国炉導入の受け入れ先として、電力九社や電源開発を含めた、新たに立ち上げる民間の原子力発電会社で導入炉を受け止めるべきだと主張する。

これに待ったをかけたのが河野一郎・経済企画庁長官だ。

河野は主張する。「まだ実用化していない大型の発電炉をいきなり民間で受け入れることのリスクが高すぎる。しかるべき国の機関で責任を持って行うことがふさわしい」。マスコミはこの両者の主張を「河野－正力論争」として報道合戦を繰り広げた。

この論争は河野が歩み寄りをみせ、結局、正力案で進められることとなった。一九五七年一一月一日には日本原子力発電株式会社の設立総会が開かれ、原子力発電専門のパイオニア会社がスタートすることになった。二年後の一九五九年一二月一二日には、イギリスとの間でコールダーホール改良型（ガス冷却炉＝ＧＣＲ、一六万六〇〇〇キロワット）の導入が正式に決まった。

○「蜂の巣」構造で耐震性を確保

コールダーホール炉を建設するに当たって問題となったのは耐震性である。同炉は黒鉛炉。黒鉛のブロックを約三万個も積み上げ、その中に設けられた孔に燃料棒を挿入するという方式だから、大きな地震には耐えられないのではないかという声が出始めたのだ。

このため政府はイギリスに調査団を派遣した。調査団は、地震大国・日本の現状を知ってもらおうと、関東大震災の記録映画も持参した。映像で改めて地震の凄まじさを知ったイギリスの技術者は、耐震対策の重要性に目覚め、日本側との協議に本腰を入れた対応を示したといわれる。

当時の日本建築界の耐震技術には、「剛」と「柔」という二つの考え方があった。「剛」は構造物をしっかりと固めて地震の振動から守る考え方である。「柔」は地震を吸収し、「柳に風」の思想で、受け流す方式。今日の免震構造といえる。

イギリスとの協議などから、日本側は、「蜂の巣型」という方式を編み出した。これはさまざまな形にした黒鉛を寄木細工のように、凹と凸を噛み合わせ、強度を生み出すというものだ。

日本初の商業炉であるこのコールダーホール型原子炉は、一九六六年七月二五日、営業運転に入る。この炉はその後、二号炉（一一〇万キロワット）の建設で「東海一号」として順調に運転を続けたものの、経済性などの理由から、一九九八年三月三一日、約三二年間の歴史に幕を下ろし、閉鎖された。

原子力発電のパイオニアである同社は、東海一・二号、敦賀一・二号を建設、東海一号を除き三基が運転中で、さらに一五〇万キロワット級の敦賀三・四号機の建設計画が進められている。

正力－河野論争を経て設立された日本原子力発電株式会社は、略して「原電」ともいわれる。水力や火力などの発電施設はもたず、文字通り、原子力発電のみを行う専門会社だ。このため、すべての炉型をもつ。イギリスから導入したガス炉は運転から三二年を経て、経済性の問題から閉鎖されたものの、現在、全国の電力会社を二分している沸騰水型軽水炉（ＢＷＲ）と加圧水型軽水炉（ＰＷＲ）は運転中だ。一社・一炉型が普通の電力業界にあって、両炉をもつ原電は貴重な存在となっている。

ＣＡＮＤＵ論争――原子力委VS通産省

○外国に振り回される日本の原子力

「ＣＡＮＤＵ炉を導入することについての積極的な理由を現段階において見いだすのは難

しいと判断せざるを得ない」。

原子力委員会が一九七九年八月一〇日に出した結論である。この方針決定によって、通産省が一九七八年四月から日本への本格導入を打ち上げていたＣＡＮＤＵ炉（カナダ型重水炉）は見送りとなった。

原子力委員会の決定に通産省は激しく反発する。「先に関係方面の総意としてまとめられた新型動力炉開発懇談会の結論を尊重せず、また当省の意見を全く考慮に入れないまま決定を行ったことは誠に遺憾である」。一方、電気事業連合会は改めて原子力委員会の決定を尊重することを再確認するコメントを発表。原子力産業界からも、日本の原子力開発利用の総元締めたる原子力委員会の方針を支持した。これによって、一年四か月近くにわたって論議されてきたＣＡＮＤＵ炉導入問題は、原子力委員会の判断によって終止符が打たれた。

この決定に関係者の一部からは「記念に残る裁定」と歓迎する声が上がった。「これで日本の原子力開発は、一部とはいえ、自主開発への選択を選んだことで、真の意味で『独立』を果たすことができた」と賞賛する。

原子力黎明期から原子力報道に携わってきたある科学記者は自身の著書の中で、この原子力委員会決定を次のように述懐している。

「（一九七九年）八月一〇日は、日本の原子力の〝独立記念日〟として、いつまでも記念されてしかるべきであると私は思う。…原子力委員会が長年の慣習に従って、外国炉の導入を選択するか、それとも古い慣習を打破して自主技術への道を選ぶかが大きな問題だったが、原子力委員会はさまざまな政治的介入をはねのけ、自主開発への道を選んだ。私たちは、原子力委員会の決定を、大きな拍手をもって迎えた。この決定をきっかけとして、日本の原子力開発が、自主的な方向へと突き進んでゆくよう期待したい」

日本初の商業炉であるコールダーホール改良型炉は英国製だし、その後の軽水炉はすべてアメリカからの導入炉だ。燃料もアメリカから。このため、日本の原子力開発は歴史的にみてもイギリスやアメリカの事情や原子力政策に左右されてきた。一九七一年、軽水炉の緊急炉心冷却装置（ＥＣＣＳ）に欠陥があることが判明すると、たちまち日本の軽水炉は運転を停止し、点検するにとどまらず、アメリカまで調査団を派遣した。一九七七年、完成状態にあった東海村の再処理工場では運転開始に待ったがかかり、アメリカ政府の合意を得るのにかなりの時間を費やされた。これは当時のカーター米政権がこれまでの方針とは一八〇度違った新たな核不拡散政策を打ち出したからだ。アメリカは同盟国に対しても、再処理事業にはアメリカの法律や政策とのすりあわせを求めるようになったのだ。一九七九年三月に発生したスリーマイル島（ＴＭＩ）原子力発電所事故では、稼動中の原子力発電所が、事故炉と同型というだけでストップさせられ、安全の確認が行われた。

どれもこれも、日本の原子力が、自主開発でなかったことが、外国から制約を受ける要因となった。先のジャーナストは、次のように表現している。

「どんなきれいな花でも、外国から切り花を買ってくるだけでは、日本の土壌に根付かない。種子をまいて、自ら育てる努力をしなければいつまで経っても日本の花は実現しない」

○燃料の多様性に特色

原子力委員会がＣＡＮＤＵ炉の導入を見送ったのには背景がある。ＣＡＮＤＵ炉とよく似た重水炉である新型転換炉（ＡＴＲ）の原型炉「ふげん」が国家プロジェクトとしてすでに開発されていたのだ。実際、通産省がＣＡＮＤＵ炉導入に手を挙げた一九七八年四月二一日は、「ふげん」が臨界に達したひと月後だった。

ここでまた、ＡＴＲと同じような炉が導入されるとなれば、資金と人材の分散は避けられない。せっかくの自主技術が立ち消えになりかねない。

このＡＴＲの特徴は、燃料の多様性にある。天然ウランはもとより、燃料加工のプロセスで派生してくる劣化ウラン、再処理の工程から出てくる減損ウランと、どれもプルトニウムと混合することで燃やすことができる。このため、中性子の減速材としては重水を、冷却材には水を使う。

原子炉ではウランを燃やすとプルトニウムなどの新燃料が生まれる。軽水炉だと、燃えた燃料と新たにできる燃料の比（転換比）は〇・六くらいだが、ATRとなると、〇・八程度まで高まる。それだけ、燃料の節約につながる。ATRは、軽水炉よりも三割から四割も燃料をセーブできる。この高い転換比から、「新型転換炉」といわれる。またATRは、核兵器の原料となるプルトニウムを燃やせるから、核不拡散上もプラスに作用する。

ちなみに高速増殖炉の転換比は「一以上」となる。投入した燃料よりも新たに生まれる燃料の方が多くなるからだ。「増殖炉」と呼ばれるゆえんだ。

臨界後のATRは順調に運転を続けた。二〇〇三年三月の運転停止までの二五年間、七七二体のウラン・プルトニウム混合酸化物（MOX）燃料が燃やされた。

一度は原子力委員会の決定を受け、自主開発路線の本命となったATRだが、青森県大間町に予定されていた次の実証炉計画は、一九九五年七月、経済性の理由から計画が中止された。約四〇〇〇億円だった当初計画が、約五八〇〇億円へと高騰していたからだ。

CANDU炉も、ATRも、日本の原子力発電戦略から消えた。皮肉な結果である。

日本の原子力政策の基本は、当初から軽水炉－高速増殖炉（FBR）路線。使用済み燃料を再処理し、燃え残りの燃料と、新たに生まれたプルトニウムを取り出し、再利用することで燃料の有効利用を図ろうとする戦略だ。しかし、核燃料サイクルの要となる再処理施設の運転が遅れ、また高速炉の実用化も遠のいている現実から、軽水炉と高速増殖炉をつなぐ「つなぎ役」としてＡＴＲ（新型転換炉）が国家プロジェクトとして打ち出された。だが、ＡＴＲが後退したいま、今度はそのプルトニウムを軽水炉で燃やす「プルサーマル」が九州電力の玄海発電所で具体化するなど、新たな局面を迎えている。

台頭する安全論争――専門家と市民の垣根を越えて

○初の導入炉で安全性の意識高まる

「原子力」というと「安全性」といわれるほど、一般住民を対象にした安全論議は原子力開発の当初から盛んだった。日本は世界で唯一の被ばく国である。安全問題に神経質になるのは国民感情からしても当然のことだった。

原子力船「むつ」の放射線漏れ事故を契機として、一九七八年一〇月にスタートした原子力安全行政以降では、通商産業省（現経済産業省）主催の第一次公開ヒアリングと、原子力安全委員会主催による第二次公開ヒアリングの、合わせて四八回の「公開ヒアリング」（「地元意見を聴く会」を含む）が実施されている。これ以外にも対話集会といった市民レベルの安全にかかわる意見交換会が全国各地で開催されている。

原子力開発をめぐり、日本で初めて本格的な安全論争が行われたのはイギリスからの導入炉である日本原子力発電会社の東海発電所（コールダーホール改良型原子炉、ＧＣＲ、一六万六〇〇〇キロワット）からといえよう。一九五九年のことだ。

○飛行機の墜落含め安全解析

発端はコールダーホール型炉に格納容器がない、ということから始まった。万一の事故の場合、最後の砦として格納容器は放射能を閉じ込める役割を果たすからだ。

さらに日本原子力研究所の南側に米軍の水戸射爆場があったことも、この論争に拍車をかけた。原研の北側に位置する東海炉だったが、誤爆事故が絶えなかったことも、近隣住民の不安感を助長した。格納容器がないと、この誤爆や航空機の墜落などによって原子炉が破壊され、中にある放射性物質が周辺地域に撒き散らされる心配があった。

この問題では原子力委員会の原子炉安全審査専門部会が急遽、原子炉真上から飛行機が落下した場合を想定した安全解析を行い、「安全」という結果を引き出したりした。

また、コールダーホール型炉は減速材として黒鉛を使うため、中性子によって黒鉛に収縮が生じ、炉の安全や寿命に影響が出てくるのではないか、という指摘も露呈した。この日本側からの指摘を払拭するため、イギリスからは専門家が来日、説明に追われた。

それでも住民や専門家の一部から安全性に疑義が出されたため、原子力委員会は一九五九年七月、公聴会を開催した。日本学術会議からの推薦人三人のほか、県知事、地元関係者、学識経験者、労働団体などから一四人がそれぞれ、「安全」「危険」「問題あり」と意見を述べた。

専門部会は一九五九年一一月、「安全と認められる」という答申を出して一応の決着をみたが、この安全論争で、坂田昌一・名古屋大学教授が安全審査のやり方に抗議し、専門部会の委員を辞任するなどしこりを残した。


原子力施設の安全を規制する組織は、開発初期にはなかった。原子力開発利用を推し進める原子力委員会が、安全問題も同時に取り扱っていたのだ。このシステムは、原子力船「むつ」の放射線漏れ事故が発生するまでの二〇年余り、原子力委員会の中で審議されてきた。だが、「むつ」問題を契機に、推進機関と規制機関は独立した別個の組織でなければ、安全に関わる公正な判断ができないという指摘もあって、一九七八年一〇月、原子力委員会が改組され、新原子力委員会と原子力安全委員会がつくられた。現在から見ればしごく当たり前のことだが、当時とすれば推進と規制が同一の機関で審査されることは普通のことだった。

二つの村——東海村と六ヶ所村

○原子力発祥の地とサイクル基地

東海村と六ヶ所村は、わが国原子力界の開発の歴史とともに歩んできた。茨城県の東海村は原子力開発黎明期からの姿を色濃く残しているのに対し、青森県の六ヶ所村は、その後の日本の原子力開発の進展を踏まえ、サイクル施設が建ち並ぶ世界でも有数のバックエンドセンターとなっている。原子力との関わりは、東海村が一九五六年であるのに対し、六ヶ所村は一九八四年となる。そこには二八年の差がある。その両村の立地を振り返ってみよう。

「東海村」というと「原子力」と連想するほど、東海村と原子力は切っても切れないイメージがある。「トーカイ」は世界的にも知られ、「ＴＯＫＡＩ」と書くだけで郵便物が届く。まさに日本の顔でもある。

その東海村が日本原子力研究所（現日本原子力研究開発機構）の立地地区としてマスメディアから脚光をあびるまで、北は日立市と南は勝田市に挟まれた一寒村にすぎなかった。

東海村は、一九五五年、石神村と村松村の合併で生まれた。両村とも純農村で、合併直後の人口は約一万一〇〇〇人。就業人口約五七〇〇人のうち七五％が農林従事者だった。新しい村名である「東海村」は、水戸徳川家で藩主・斉昭の下で藩改革を担当した藤田東湖が綴った『正気の歌』の一節、「卓立す東海の浜」からとった名といわれる。

○列島、原子力ブームに沸く

この東海村が原子力平和利用の核となる日本原子力研究所の立地候補地として浮上したのは、新生・東海村がスタートした翌一九五六年からだ。この年の二月、水戸射爆場跡地が有力視されるようになってからである。

日本原子力研究所が発足したのが一九五六年六月一五日。一月にアメリカ政府から濃縮ウラン貸与の申し入れがあり、その受け皿機関として急遽、設立されたものだ。その原子力研究所が早急に進めなくてはならなかったのは、研究所の建設だった。原研本部に選定委員会が設けられ、検討作業が進められた。選定委員会は、優秀な人材を集めるためには、東京から二時間以内に行ける場所であることを選定の第一条件とした。

さらに、①地盤がよいこと、②水源の確保が容易なこと、③住民への影響が少ないこと、などの基準から、二〇地点が候補地として挙げられた。

この過程で原子力研究所の誘致運動が活発化した。当時は、与野党問わず原子力開発に賛成だったから、「原研はぜひわが町へ」ということで、国会議員を巻き込んでの誘致合戦は熾烈をきわめた。一九五五年の秋に開催された新聞週間では、「新聞は世界平和の原子力」という標語が選ばれるほど、国民は原子力の未来に熱い視線を送っていた。

そのような中で、群馬・高崎、神奈川・武山（横須賀）、茨城・水戸（射爆場）が候補地として残った。いずれも有力な政治家が絡み、一筋縄ではいかなかった。このため土地選定委員会は、その決定を原子力委員会に委ねた。

原子力委員会は武山を第一候補として、水戸を将来に備え、土地を確保するという「委員会決定」を政府に勧告した。

原子力委員会設置法には「原子力委員会の決定はこれを政府が尊重する」とあるから、武山は本来であれば本決まりであったはずだが、政府側は防衛上の観点から難色を示し、委員会に再考を求めた。そして急転直下の東海村決定となった。

○急転直下の東海村決定

当時の原子力委員会メンバーは、委員長が正力松太郎・国務大臣、委員が石川一郎・経団連会長、湯川秀樹・京大教授、有澤広巳・東大教授、藤岡由夫・東京教育大教授。委員会の中で決定の再考に不満だったのは、湯川、有澤、藤岡の学界側三人。正力と石川は見直しを受け入れ、逆に学界三委員の説得に回った。委員会決定文書には苦渋に満ちた原子力委員会の見解が表明されている。

「……今回、改めて東海村を選んだが、ここは地域が広く、実験炉から動力試験炉の段階までを一か所で研究しうる利点がある。他面この地は交通が不便で、研究者の立場からは多少の欠点が認められ、また施設の完備にやや日時を要するであろう。これらの欠点を克服するためには、できるだけの設備を至急施して、研究の促進を努力したいと考える。なお、今度の件については、政府が原子力委員会の決定を充分検討のうえ、改めて本委員会に再考を促されたので本委員会もこれを諒とした次第である。原子力委員会設定の趣旨に鑑み、政府は今後も委員会の決定を尊重されることを希望する」

幸い、原子力委員会決定が覆ることはその後発生していない。

○三人に一人は原子力関係者

一九五五年当時、約一万一〇〇〇人だった人口は今日では三倍の三万三〇〇〇人に膨れ上がった。これは、各種の研究機関、公益法人、原子力関連産業の進出などの施設が進出したのが大きい。実際、全世帯の三分の一は原子力関係者といわれるほど、原子力と深くかかわっている。ちなみに、東海村にあるそれら機関を列記すると次のようになる。

日本原子力研究開発機構、日本原子力発電会社、放射線医学総合研究所、東京大学工学部

附属原子力工学研究施設、核物質管理センター、NTT茨城研究開発センター、原子燃料工業、第一化学薬品、ニュークリア・デベロップメント、三菱原子燃料、三菱マテリアル、日本照射サービスなど…。

なお、この東海村では一九九九年九月三〇日、臨界事故が発生している。原子力平和利用では初となる二人の犠牲者が発生した。

○入植拒む厳しい自然環境

六ヶ所村は、青森県の下北半島太平洋側に位置する村である。面積は約二五三平方キロメートル。人口は、二〇〇九年五月一日現在で約一万一〇〇〇人。人口密度は一平方キロメートル当たり四三人。一八八九年（明治二二年）の町村制施行で倉内、平沼、鷹架（たかほこ）、尾駮（おぶち）、出戸、泊の六集落が統合し、六ヶ所村となる。隣接して北に東通村、南に三沢市、西に横浜町など五市町村がある。

明治に入るまでは、ほとんど未開の地だった。戊辰戦争で敗れた会津藩士の多くが移封となって下北半島に移り住んだといわれる。だが、その厳しい自然環境から土地を離れる入植者が続出した。加えて、下北半島は北方方面の防衛拠点として、また陸奥湾の大湊港が軍港として位置づけられたため、この地域への入植や出入りは厳しく制限された。

○二つの挫折

この下北半島に光が当てられるようになったのは、戦後からである。海軍の要塞地帯として隔絶されてきた広大な土地をどう活用するかが大きなテーマとなってきたからである。終戦による戦地からの引揚者受け入れと、厳しい食糧事情を少しでも好転する目的で、この国有地が開放された。青森県としても、一次産業から二次産業への転換と振興に力を入れるものの、長く停滞を余儀無くされた。

青森県は、一九六〇年代、二つの辛酸を嘗める。その一つが、農業生産を高めるために政府が打ち出したビート栽培である。アワ、ヒエ、ナタネが主な農産物である下北半島の人々に、寒冷地でも強いビートを奨励したのだ。国の指導で、多くの農家がビート栽培に手を染めた。転作は順調に推移するかにみえた。だが、砂糖の自由化によって安いキューバ産が国内市場を席捲するに及んで、ビート栽培はあえなく挫折する。

もう一つは、下北半島に賦存する砂鉄資源を活用する製鉄事業の立ち上げである。一九六三年には、国の支援を背景に、三菱グループが出資する「むつ製鉄」が設立された。本社はむつ市に置かれることになった。むつ市は、むつ製鉄の受け入れにあたり、住宅、港湾、道路、学校、病院の増設など、四億五〇〇〇万円を投入して整備した。だが、これまた鉄鋼価格の暴落によって、事業が行き詰まった。結局、政府はむつ製鉄事業の断念を閣議了解、むつ製鉄は解散の憂き目を味わうことになる。

この二つの国策事業の破綻から、下北半島は「挫折半島」ともいわれるようになった。

○一躍脚光「むつ小川原開発」

そんな中、一九六四年、八戸地区が国の新産業都市に指定される。日本経済が右肩上がりの時代で、四大工業地帯への過度な集中を避けるためにとられた計画である。その計画書の中で下北半島の小川原湖周辺について次のような付記がついた。全国で一五の地区が新産業都市に指定されたが、「付記」がついたのは、この八戸地区だけだった。

「小川原湖周辺の開発については、今後、調査を継続するものとし、その結果に基づき、建設基本方針の再検討を行うものとする」

一九六七年になると八戸へ進出してきた三菱製紙が生産を開始。以後、企業の進出が相次ぎ、工業出荷額も目標を上回るまでになる。

同じ六七年、今度は原子力船開発にともなう建設中の第一船（後日、「むつ」と命名される）の母港を陸奥湾の大湊港にしたい、という意向が国から県に打診される。県はむつ市、周辺自治体との協議を経て、母港受け入れを決める。この国との協議の中で浮上してきたのが、「新全国総合開発計画」である。この計画によってむつ小川原開発が一躍、脚光を浴びるようになる。小川原周辺は「巨大コンビナートの形成を図る」とされた。この計画は一九六九年、閣議決定される。

○「原子力のメッカに」

国の動きに呼応するように一九六九年、青森県は「むつ小川原開発対策会議」を設置する。そして、青森県としての計画の具体化を図るため、日本工業立地センターに調査を委託する。一次案となるその『陸奥湾小川原湖大規模工業開発調査報告書』がまとまり、初めて「原子力」という文字が登場してくる。報告書は次のように指摘する。

「この地域は、わが国で初めての原子力船母港の建設を契機とし、原子力産業のメッカになり得る条件をもっていることである。当地域は、原子力発電所の立地因子として重要なファクターである地盤および低人口地帯という条件を満足させる地点をもち、大規模発電施設、核燃料の濃縮、成型加工、再処理等の一連の原子力産業地帯として十分な敷地の余力がある」。「原子力のメッカに」という表現に、今日の六ヶ所の姿をものの見事に具現しているといってよい。

一九七一年、青森県は二次案を発表。これまで十和田湖町からむつ市にいたる一六市町村を開発地域とし、陸奥湾と太平洋を海上物流とした計画は、三沢市、野辺地町などが開発地域から除外され、太平洋に面した六ヶ所村に限定された。この変更は、公害による環境汚染が全国的に深刻化し、経済至上主義に対する反省や難航する土地の買収などが影響したが、なによりも大きかったのは、陸奥湾内の三分の一の海洋空間を占めるホタテの養殖事業が成功裏に推移していたことだった。大規模な工業立地が続けば、陸奥湾には多くの大型船の出入りや係留が日常化し、湾内の汚染が心配されたからだ。

一九七三年には第一次石油危機が発生。戦後初めて日本経済はマイナス成長となり、景気は一挙に冷え込んだ。一九七九年がスタートしたばかりの一月には、イラン革命に端を発した第二次石油危機が再来した。経済界のむつ小川原開発に向けられる目も極端にしぼんだ。この二度の石油ショックは、コンビナート構想を破綻させ、むつ小川原開発計画そのものまでも、存続の危機に追い込んだ。

局面の打開を図りたい通産省はその年の一〇月、むつ小川原地区に国家石油備蓄基地を建設することを決める。文字通り、むつ小川原開発の建設第一号となった。

○青森県に狙い定めた電力業界

二回にわたる石油危機から、国は原子力発電の推進へ大きく舵をとった。それとともに、核燃料を燃やした以降の、再処理によって発生してくる廃棄物対策などのサイクル事業が大きな課題として浮上してきた。とりわけ、バックエンド事業の要となる再処理施設をどこに建設するかが重要だった。

この再処理事業を行う日本原燃サービスが一九八〇年に発足した。再処理施設の候補地としては、鹿児島県徳之島、長崎県平戸島、北海道奥尻島などが候補地となったが、いずれも安全性から地元に敬遠された。そんな中、電力業界の目にとまったのが下北半島だった。下北半島にはすでに東京電力と東北電力が東通村に原子力発電所の建設用地を確保していたことも後押しとなった。

「話だけでも聞いてもらえませんか」。東北電力出身で、設立されたばかりの日本原燃サービスに出向していた平沢哲夫専務は、北村正哉・青森県知事との会談に成功する。一九八一年六月のことだ。平沢は東通原子力発電所やむつ小川原開発の用地買収に関わるなど、県内に太いパイプをもっていた。

青森県に照準を合わせた電力業界だが、立地点までは絞りきれていなかった。東通村には東京・東北両電力が計画している原子力発電の建設サイトがあったが、具体的な立地となると漁業補償が必要となる。一方、県としては当初、再処理サイトは、すでに土地を確保してある東通村しかない、と考えていたようだ。

この電力業界の事情をいち早く察知したのがむつ小川原開発会社である。六ヶ所村のむつ小川原開発地域なら漁業補償は終えている。これから漁業補償に入る東通村とはスタートラインが違っていた。その一方で、売れ残った土地を抱え、会社の債務は雪だるま式に膨れ上がり、一九八二年末で一〇〇〇億円を超えていた。限界だった。むつ小川原会社の電力や関係者への働きかけはより強まった。

県幹部と日本原燃サービス幹部との水面下での接触が始まった。一九八三年になると、両者は再処理の「勉強会」をスタートさせるまでになる。

○電事連の協力要請にいち早く動く

こうした動きを経て、一九八四年四月二〇日、北村知事は、青森市内のホテルで電気事業連合会の平岩外四会長とテーブルをはさむ。この席で知事は電事連会長からサイクル事業の立地を正式に協力要請される。

「核燃料サイクル施設を下北半島太平洋岸に立地したい」

このときはまだ立地点を特定せず、包括的な内容だった。ボールを投げることで、地元の出方をみた。電事連の要請にいち早く動いたのが六ヶ所村だった。二八日の村議会全員協議会で古川伊勢松村長は誘致に動くことに同意をとりつける。

東通村も五月一九日、村議会全員協議会を開催。「再処理工場を受け入れて村の活性化を図りたい」とする川原田敬造村長の発言に反対の声はなかった。むしろ、二〇年前の一九六五年に議会が決議した原子力発電所の誘致決議を、一日も早く実効あるものにするために動いた。津軽半島の市浦村からも受け入れたいとする手が挙がった。

一九八四年七月一八日、電事連の社長会は、再処理工場、低レベル放射性廃棄物の貯蔵施設、ウラン濃縮工場の三点セットを六ヶ所に立地することを決定する。決定はその日のうちに、県、村に伝えられた。

三点セットのうち、ウラン濃縮事業は一九九一年に本格運転、一九九二年になると低レベル貯蔵施設が操業を開始した。

六ヶ所村を中核とする下北半島はさしずめエネルギー基地のサイクルセンターといえる。村内には再処理施設、低レベル放射性廃棄物埋設センター、ウラン濃縮施設などがある一方で、周囲の自治体にも関連施設が建設あるいは稼動中だ。六ヶ所村の北に位置する東通村には、東北電力の東通原子力発電所が運転中だし、むつ市にはリサイクル燃料備蓄センターが建設中。下北半島最北端の大間では、電源開発が大間原子力発電所を建設中など、枚挙にいとまがない。

第四章　原子力報道を考える

科学報道の萌芽——未知の領域から科学の領域へ

○報道規制で戦後がスタート

世界で原子力発電開発が胎動し始めたのは米ソによる核実験競争が厳しさを増した一九五〇年代からである。当時は冷戦の真っ只中にあったから、原子力情報はトップシークレットとして厳しい規制がかけられた。このため、原子力分野での報道はまれで、しかも、当局側から発表される情報がほとんどだった。

第二次世界大戦直後の日本では、連合国軍総司令部（GHQ）によって原子力研究に関わる一切が禁止されていたことから、またGHQによる検閲制度が敷かれていたこともあって、原子力に関わる報道は、一九五二年のサンフランシスコ講和条約による主権回復までは皆無状態だった。

○原子力との距離感なくした第五福竜丸事件

日本で、本格的に原子力報道が行われたのは、一九五四年三月に起こったマグロ漁船「第五福竜丸」の被ばく事件からである。この出来事は、読売新聞によってスクープされ、世界に広く知れわたることになった。

　この報道過程で明らかになったことは、国民にとって最大の関心事である放射能についての安全基準がまだ整備されていなかったことだ。この事件では、新聞記者は初めて聞く原子力用語やその単位で混乱させられた。記者は自分が十二分に理解できないものはなかなか記事にしにくい。安全にかかわる場合、確信がもてない記事は、致命的になりやすい。このため、記者は、それぞれの専門家に取材し、自分の頭の中を整理するのだが、この被ばく事件では専門家は極端に少なかった。また国民が知りたがっていることについて的確に応えられる学者も多くなかった。

　マスコミ各社は閉口した。どの程度の汚染ならば口にしても大丈夫という、いわゆる「許容量」では、データの蓄積がなかったから、お手上げ状態だった。今日からみれば、安全上、問題のないマグロまで捨てられた。全国の寿司屋からマグロの姿が消えた。家庭の台所を直撃した。

　そんな中でも、その年の元旦号から一月三一日まで、三一回にわたって原子力の平和利用を連載した読売新聞だけは、長期連載を支えただけの原子力の基礎知識をもっていたこともあって日本の世論をリードした。

　まずは、この事件について振り返ってみよう。

○遠洋漁業の復活

サンフランシスコ講和条約によって独立を果たした日本とはいえ、当時は戦後からまだ七年足らずで、多くの国民は食糧難に直面していた。四面を海に囲まれているにも関わらず、独立までは遠洋漁業が禁止されていたため、国民の多くは沿岸漁業で細々と動物性タンパクを摂取していたにすぎない。それが独立による遠洋漁業の復活である。全国各地でマグロ漁船が大量に建造され、南太平洋をはじめ、世界の海での操業が本格化した。

静岡県焼津を母港とする遠洋マグロ漁船「第五福竜丸」(九九トン、乗組員二三人)もその一隻だった。ただ、他のマグロ漁船と違ったのは、南太平洋のビキニ環礁付近で操業中にアメリカの水爆実験に遭遇し、乗員全員が被ばくしたことである。

○白い降下物

一九五四年三月一日、第五福竜丸は、アメリカが立ち入り禁止区域とした東の限界線から一九マイル(約三〇キロメートル)の位置で漁業に従事していた。午前四時すぎ、延縄を降ろしてまもなく、船員たちはビキニの方向に強い閃光と爆音を聞く。原爆実験と判断し、延縄の引き上げに着手。三時間後の午前七時すぎになると、晴天にもかかわらず、にわかに、雪のような白いもの（核爆発にともなってできる核分裂性生成物、俗にいう「死の灰」）が降ってきた。一〇時すぎに延縄の回収が終了、一〇時三〇分ごろに帰途につく。

白いその物質はその後も断続的に降り続け、正午過ぎになってようやく降灰範囲から脱出することができた。その白い物質は甲板上に積もり、歩けば足跡がはっきり残るほどまでになった。

この降下物が危険な放射性物質であることはむろん誰も知らなかった。このため中には小瓶に詰め込んで船内に持ち込んだり、中には味見する乗組員までいた。

その日の夕方から、からだの不調を訴える乗組員が出始めた。狭い船内で起居しなければならなかった多くの乗組員は、その白い物質が皮膚表面に付着しても、振り払うわけでもなく、海水で洗い流すでもなく、無頓着だった。

アメリカ軍から、スパイと疑われるのを避けるため、焼津港に戻るまでの二週間、無線は封印された。逆探知される心配があったからだ。

こうして三月一四日の日曜日早朝、焼津に帰港。乗組員は直ちに協立焼津病院（現焼津市立総合病院）で診察を受け、「原爆症」の疑いが強いとの診断を受ける。そのうち重症の二名は翌一五日、東京まで出向き、東大病院で診察を受けたのち入院。一七日には専門医が焼津まで赴き、残りの乗組員を診察、「原爆症」と診断して、全員を東大病院と国立第一病院に分けて入院させ、治療に当たった。

○社会部の面々がプラスに作用

この第五福竜丸が世界から注目されるようになったのは、読売新聞によるスクープが大きく影響している。それは入社二年目の焼津通信員・安部光恭によってもたらされた。それは下宿先のおばさんから取材先の島田警察署にいる安部への一本の電話から始まった。署は幼女暴行殺人事件の発生で、記者たちでごった返していた。

「第五福竜丸が昨日戻ってきたけれども、ピカドン見て、みんなやけどしたって…」という一報だった。周囲のライバル記者を煙にまいて焼津に戻った安部は、早速、関係者からことのあらましを聞きだした。静岡県版に間に合うように午後七時半すぎ、数行の記事にまとめ、静岡支局に電話送稿した。慌てていたため、ビキニとエニウェトクとがごちゃ混ぜになって「ビクニック環礁」となっていた。

夜の九時すぎ、静岡支局から東京本社に配信されてきた原稿が社会部にまわってきた。「原爆でやられたという原稿がきたぞ!」。

その声に編集局がざわめいた。幸いだったことは、その夜、原稿を手にしたのが、その年の元旦号から社会部が組織をあげて取り組んだ原子力平和利用をとりあげた連載コラム「ついに太陽をとらえた」で中心的な役割を果たしたデスク（次長）だったことだ。居合わせた記者も、その執筆陣の一人だった。デスクはその記者に対し、写真部員を連れてすぐ東大病院に向かわせた。この的確で迅速な指示が、被ばく者の痛々しい姿とインタビューの成功を呼び込んだ。そして自らは、同じ建物内に拠点を構えているアメリカのＩＮＳ通信社まで足を運び、三月一日の日、ビキニ環礁で行われたのが水爆実験であることを突き止める。

焼津では、安部が、支局や本社からの指示できりきり舞いにさせられていた。「被ばく地点の正確な位置は？」「船主の話は？」「船員たちの症状は？」「談話をとったか？」「医師の話は？」「船の写真はとったか？」などなど…。本社や支局から、安部への指示が矢のように殺到した。もはや、一人でこなすには物理的に限界があった。しかも他紙に気づかれないように取材しなければならないということで、安部の緊張感は極限にまで達していた。

東京本社からの指示もあって、静岡支局から焼津に記者がひそかに増員された。この時点で、東京と焼津とが緊密に連携、世界的なスクープ記事が形づけられていった。この取材で、読売新聞は、ビキニ環礁近くで空から降ってきた放射性生成物を「死の灰」と名付けた。アメリカが原子炉から出てくる放射性物質を「デッド・サンド」と呼んでいたからだ。

こうして、朝刊最終版の締め切りまでに、生々しい被ばく患者の談話、医師の所見、福竜丸の写真、焼津からの続報などがデスクの手元に集まった。都内用の最終版に間に合った。

○世紀のスクープに世界が震撼

慌しい一日が終ろうとしていた焼津の「現地取材本部」に、支局や本社からの電話が集中した。「危険だから第五福竜丸には近づくな」「今から特ダネ意識は捨てろ。警察に連絡して乗組員を一箇所に隔離するように言うんだ」「汚染されたマグロの行方をさぐれ。福竜丸のマグロはすぐに廃棄処分させるんだ」…。

日付けが変わった一六日未明、都内版を満載したトラックが静岡、焼津に向かった。

読売本社に取材拠点を置くINS通信は、この読売の朝刊から情報を得て、「原爆被災漁船、日本に帰港」という衝撃的なニュースを世界に打電した。INS電をキャッチしたロイターやAPなどの通信社が、提携を結んでいる日本の新聞社に逆に情報提供を求めてきた。各社は遠洋漁港をもつ支局、通信部に新たな情報を求めたり、確認の手を伸ばした。とうぜん、焼津もその対象港に入っていた。だが、第五福竜丸の無線長・久保山愛吉がアメリカによる無線傍受を恐れ、被災直後から焼津港に戻るまでの二週間、無線機を封印、帰港後も乗組員にも箝口令を敷いていたため、「該当なし」という結果になった。すべてが読売に有利に働いた。

○すさまじい反響に耐える

静かな港町・焼津は陽が高くなるにつれて喧騒さを増していった。焼津は一躍、世界から注目される港町と化した。自宅玄関前で新聞を広げる人、新聞を片手に走り回る人たち…。やがて、あちこちで人の輪が出始めた。第五福竜丸は市の職員や警察によって立ち入りが厳しく制限された。

安倍たちは夜明け前から魚市場や警察とかけあった。「どんな理由があって乗組員を隔離せよと言うのか」「マグロを捨てろだと。へんなこと言うな。商売の邪魔をする気か！」医者でもない一介の新聞記者の言うことなど相手にされなかった。このことが、逆に読売だけの特ダネ記事となった。

安倍はその後もペンを走らせる。

「おらぁー、モルモットになるのはいやだ！」。乗組員の悲痛の叫びを伝えた安倍の記事に、アメリカのダレス国務長官は言う。「われわれは日本人をモルモット視していない。戦後、築きあげられてきた日米友好の絆が損なわれることは遺憾である」

インドのネール首相も「太平洋はアメリカの湖ではない」と、水爆実験の中止を訴える。

反響のすごさに安倍は押し潰されるようになった。若さが、その重圧をかろうじて支えた。

報道の反響は大きかった。外務省はアメリカ側に真相の究明と損害賠償などを求め、日米協議が始まった。厚生省は乗組員の治療や「死の灰」の分析などに着手した。焼津港では陸揚げするマグロにガイガーカウンター（放射線測定器）を差し向ける係官の姿が日常化した。「放射能マグロ」と判別されると破棄された。寿司屋からはマグロが姿を消した。

水爆実験区域近くで操業していた日本の漁船がいることも判明した。三月一八日、厚生省は塩釜・東京・三崎・清水・焼津の五港の漁協に放射能汚染の実態を検査するよう指示した。この年、一二月末までに汚染によって廃棄されたマグロ漁船は八五六隻を数え、約五〇〇トンのマグロが捨てられた。

○七億人が署名した原水爆禁止運動

その年の九月二三日、第五福竜丸の久保山愛吉・無線長の死をきっかけに、杉並の一主婦が提唱した原水爆禁止の署名運動は瞬く間に日本列島を縦断して約三二〇〇万人の賛同者を得て海外へと拡大、最終的には約七億人もの人たちが署名運動に加わった。この反核運動は、その後の原水禁世界大会へと発展していくことになる。

第五福竜丸をめぐる一連の報道で、入社二年目の安部光恭は、ジャーナリズムでは最高の栄誉である菊池寛賞を受賞した。その第五福竜丸はいま、東京・夢の島にある都立第五福竜丸館に展示されている。

読売新聞のこのスクープは、突き詰めてみると、安部の下宿先の高校生の機転に負うところが大きい。この工業高校生は、若々しい感性で、連載コラム「ついに太陽をとらえた」を愛読していた。加えて彼は、南太平洋で遭遇した第五福竜丸の出来事と、水爆実験を伝えていた二週間前の小さな外電記事とを思い起こし、一刻も早く安部の耳にその事実を伝えるよう母親に訴えたのだ。高校生と入社二年目の記者が生んだ世紀のスクープといえなくもない。

科学報道を定着させた原子力——全国紙など科学部設置へ動く

○科学的ビッグイベントも追い風に

この第五福竜丸事件を契機に、報道各社には原子力を含む科学報道の体制強化が求められるようになる。

自由党・改進党・日本自由党の保守三党による初の原子力予算が国会を通過（三月三日）、日本学術会議が原子力研究開発のあり方を審議するため委員会を設置（五月一三日）、世界初の原子力発電所が旧ソ連（現ロシア）のオブニンスクで運転入り（六月二七日）……。

一九五四年だけでも、科学やそれに関わるニュースが相次いだ。一九五五年になると、科学行政を一元的に取り仕切る科学技術庁の設置が決まっていた。

このような時代背景を踏まえ、読売新聞は一九五六年二月一日、日本の報道界のトップを切って「科学報道本部」を設置する。第五福竜丸事件のスクープで中核的な役割を果たした社会部の記者を中心に、他の部署からの協力者を得ての本部の創設だ。

読売新聞の報道体制から遅れること一年余、一九五七年五月一日、朝日新聞も科学部を立ち上げる。朝日が科学部を発足させた表向きの理由は「科学時代の到来に対応するため」とされる。実際、科学部は、その後の原子力・宇宙・海洋などの報道で力を発揮していくことになるのだが、本音は、ビキニ事件報道でライバル紙である読売新聞に終始リードを許し、後追い取材を余儀無くされたという強い屈辱感と反省があった。『朝日新聞社史』はそのへんの事情を率直に記述している。

「…読売のスクープは、同社の焼津通信部の取材によるものであったが、その裏には同社社会部が一月から原子力についての解説を連載し、全社的に原子力についての関心が高まっていたという下地があった。このことが、朝日にとって大きな教訓となり、反省を生んだ。以来、これまでにもまして、いわゆる〝科学記事〟が重視されるようになり、一般記事の出稿にあたっても、内容によっては自然科学の観点からの専門的な正確さを期するようになった。さらに、専門の科学記者の養成が日程にのぼり、〃自然科学及び技術の記事並びにこれに関する事務を掌る〃科学部が東京本社編集局に新設された…」

この新方針のもと、朝日新聞は科学的素養をもつ科学記者の採用に乗り出す。東京大学に科学記者にふさわしい人物の推薦を依頼したのだ。その結果として、日本の新聞界初の科学記者というべき人材が朝日に入社した。

読売と朝日に触発されるように、全国の加盟新聞社や放送局にニュースを配信する共同通信も同年、文化部内に科学班を設ける（一九五九年に科学部に格上げ）。年末になると毎日新聞も科学部を設置した。翌一九五八年になると、中日新聞も科学部を設けるようになる。

○「新聞は世界平和の原子力」

「新聞は世界平和の原子力」――。一九五五年秋の新聞週間に向けて選ばれた代表標語である。この標語からも、国民が原子力開発利用にかける期待感が伝わってこよう。原子力研究開発の中核となる日本原子力研究所の設置問題では、与野党を超えた誘致陳情合戦が展開され、結局、茨城県の東海村に決まった。アメリカから導入した「湯わかし型原子炉」と呼ばれる初の原子炉がこの東海村に建設され、臨界に達した一九五七年八月のときは、常磐線東海駅から原研までの沿道にしめ縄が張られ、小学生による旗行列が行われた。夜は花火が打ち上げられ、人々は狂喜した。このように原子力はその黎明期、世論の圧倒的な支持を受けてスタートした。

今日からみれば、信じられないほど、社会は原子力に期待していた。

総理府は一九六八年、原子力開発についての世論調査を行っている。「原子力の平和利用を積極的に進めることに賛成か、反対か」という設問に、五八％が賛成を選択、反対はわずか三％だった。新聞各紙も世論調査を行っているが、どの新聞社の調査も、人々は原子力開発に圧倒的な支持を示した。

この原子力に対する世論に厳しさが出てくるのは、公害が社会問題化してくる一九七〇年代からである。建設中の原子力発電所が運転を開始し、それにともない、さまざまなトラブルに見舞われるようになってからである。

この背景としては、宇宙開発の進展がある。世界中が注目した一九六九年七月二〇日のアポロ一一号。このとき人類は初めて月面に足跡を残す。だが、その降り立った月面は荒涼とした世界だった。振り返ると暗黒の宇宙に浮かぶ青く美しい地球。オアシスのような地球。それは壊れやすい青いガラス玉のように人々の目に映った。

この月面着陸によって「宇宙船地球号」という言葉が生まれた。環境への意識が高まった。公害の広がりによって、人々は、科学技術の進歩に疑問を抱くようになる。科学技術の発展が、必ずしも人々に幸福をもたらすものではないことを知る。『反科学』という潮流まで出始めた。科学技術の粋ともいわれる原子力は、この「反科学」運動の象徴的なターゲットとなった。

それがいま、原子力発電は、二酸化炭素を排出しない発電源であることから、歓迎され、各国は競って導入や拡充を図っている。「反科学」のような動きは影を潜めている。

◯暁の記者会見

原子力黎明期、原子力開発に対する報道は、まだ具体化していなかったため、もっぱら夢を与える記事が多かった。だが、原子力発電所が現実に稼働し始める実用期になると、各原子力施設での事故やトラブルが大きく報道されていく。その報道は、周辺住民の安全と絡むだけに、また、安全側に軸足を置く余りか、必要以上にセンセーショナルになりやすい。

この原子力報道でいまも関係者の間で語り草となっているのは、一九八一年四月一八日に発表された日本原子力発電・敦賀発電所事故だ。

これは、福井県の定期モニタリング調査で、海藻から高い放射能が検出したことに始まる。さらに県が調査を進めると、一般排水路の土砂から、さらに高い放射能が検出されたのだ。そもそも雨水や一般生活排水を流す一般排水口に、存在することのない放射性廃棄物が含まれていたという出来事である。

県からの連絡を得て、通産省が急遽、設定した記者会見だった。環境に漏れた放射能は人体には影響を及ぼさない程度の放射能レベルだったが、会見の設定時間が問題だった。午前五時という時間設定である。

通常、記者会見は早くとも午前八時台だから、連絡を受けた記者たちは「よほどの大事故に違いない」と身構えたのに違いない。自宅が遠方の人には、睡眠中の午前三時前に連絡が入れられた。未明の電話で、一瞬、肉親の死を覚悟したという人もいたと聞く。テレビ局によってはヘリコプターの手配も行われた。午前五時から行われた通産省の会見場は、記者やカメラマン、テレビのクルーなどでごった返した。案の定、テレビはＮＨＫ・民放ともに朝のトップニュースとして放映し、新聞各紙もその日の夕刊で一面と社会面のトップに記事をすえて報道した。

ふつう事故報道というのは時間とともに急速にしぼんでいくものだが、敦賀発電所事故では、二か月経っても収まらず、新聞では四段見出しが躍った。

なぜか。それは「暁の記者会見」という常軌を逸した会見設定にもあったが、一般排水口になぜ放射性物質が混入したかというミステリアスも、事故報道を初期の状態に保った。会見のたびに新たな事実が明らかにされるという現実があった。

事態をさらに複雑化したのは、事故隠しである。放射性物質の漏洩が発覚する一か月前、放射性廃棄物処理建屋内で、運転員のミスによって大量の放射性廃液がタンクから漏れ出したという事故だ。

次々と明らかにされる局面に、原電側は頭を抱えた。記者もひと月経っても判明しない事態に首を傾げた。このミステリーが、衰えない報道量を生んだ。

結局、このミステリーは、処理建屋内で溢れた放射性廃液が、欠陥工事で作られた建屋床のヒビ割れを通り、処理建屋の下を通っている一般排水路に流れ込んだことが判明し、ようやく氷解した。

そもそもの発端となった「暁の会見」がなぜ設定されたのか。これには伏線があった。敦賀発電所では、二か月にわたる今回の混乱ぶりが明らかになる前、共産党の調査による原電側の事故隠しが国会で追及されていたのだ。このことが、「事故が発生したら大小を問わず、即発表する」という合意が記者クラブと通産省の間にできていたのだ。

この事故では風評被害が発生、地元経済に深刻な影響を与えた。日本原子力発電会社は福井県漁連や民宿などに被害補償を行った。会長や社長は引責辞任した。

原子力報道で一番求められているのは、安全性の問題だ。事故報道では、犠牲者が出たかどうかがまず確認される。そして、安全性は確保されているのかという今後の見通しだ。原子力は、見えない。人間の五感で感知できないからこそ、人々は不安に駆られ、恐れおののく。それを取り除くのは、正確な科学知識に基づく報道だ。科学記者は、その正確性を維持しながら、かつわかりやすい言葉でその現象を伝えるという難しい職業だ。

第五章　内外の原子力事故から学ぶ

原子力船「むつ」——安全委の創設促す

○日本初の原子力船

原子力船。「むつ」という命名は、母港となった青森県むつ市からとったものだ。

日本で原子力船開発の必要性を初めて発言したのは、東大教授だった山県昌夫といわれる。一九五四年二月、日本学術会議で行なわれた原子力に関するシンポジウムでのことだ。山県はその席上、原子力船は洋上よりも波の抵抗が少ない潜水船が適しているとし、将来は天候に左右されず、高速での運搬が可能になろうと指摘した。

一九五五年になると、アメリカで原子力船・サバンナ号の建設計画が表面化するなど、各国で動きが活発化した。特に北極海が結氷する旧ソ連では、原子力砕氷船が建造され、一九五九年にはレーニン号が北極方面通商隊に配属されるなど、世界をリードしていた。従来はディーゼル・エンジンで航行していたのだが、原子力船は一度の燃料で一年以上も動力源として動くことは魅力的だった。こういった原子力船開発の動きを背景に、海洋国家・日本としても開発に着手すべきだとする論議が浮上した。これを受け原子力委員会は一九五七年、原子力船開発を審議する専門部会を設置し、本格的な原子力船開発をスタートさせた。

原子力船の建造と運転を行うために設立された原船事業団は一九六七年、船体部は石川島播磨重工業と、原子炉部は三菱原子力工業と建造契約を締結。一九七二年に完成する。

一九七四年八月二六日、「むつ」は出力上昇試験を行うためむつ市大湊港を出港。同年八月二八日、青森県尻屋崎東方八〇〇キロメートルの試験海域で臨界を達成。だが、九月一日、出力一・四％の時点で原子炉から放射線が漏れているのが発覚する。近くに取り付けてある放射線測定器の警報ブザーが鳴ったのだ。その値は、胸部レントゲン撮影の数百分の一程度だったが、その後の処置がマスコミへの恰好な話題提供となった。関係者がこの放射線漏れを阻止しようと、ホウ酸を含んだ「おにぎり」を作り、漏れている隙間部分に押しつけるという行為に出たのだ。先端技術の結晶ともいえる原子炉とおにぎりという奇妙な組み合わせは、「絶対安全」を強調していただけに、人々を驚かせた。

この一連の報道で、大湊港漁民は「むつ」の帰港に猛反発した。「むつ」は定繋港に戻ることもできず、その後、漂流を余儀なくされた。大湊港へ着岸できたのは、四五日を経た一〇月一五日となった。

その後の改修工事などを経て、「むつ」が実験航海に出るのは、この放射線漏れ事故から一六年後の一九九〇年まで待たなくてはならなかった。

○公開ヒアリング制度の道開く

この原子力船「むつ」問題は多くの教訓を残した。その一つに原子力行政懇談会が政府に答申した安全規制のあり方の見直しがある。その結果、これまで、原子力委員会が推進と安全規制を一元的に審議してきたものを、安全規制に関わる事項は新しく発足する原子力安全委員会に委ねることとなった。新原子力委員会と原子力安全委員会は一九七八年一〇月四日に発足した。すでにアメリカでは、ＮＲＣ（原子力規制委員会）が発足しており、この推進側と規制側の分離は時代的な要請となっていた。

この改革によって、国民の声を原子力開発のあり方に反映する公開ヒアリングが制度化された。具体的には、経済産業省が主催し、同省による環境審査・原子炉安全審査に住民の意見を反映する第一次公開ヒアリングと、原子力安全委員会が主催し、経産省の審査結果を安全委員会が再審査する際に住民の声を聞く第二次公開ヒアリングである。

第一次公開ヒアは一九八〇年一二月、東京電力の柏崎刈羽原子力発電所二号および五号機を皮切りにこれまで二三回開催された。第二次公開ヒアも一九八〇年一月の関西電力の高浜発電所三・四号機を対象にスタート、これまで二五回開催されている。

○マスコミを二分した実験航海

「むつ」の実験航海は、マスコミを二分させた。日本が原子力開発に乗り出して以来、これほどマスコミの論調に違いを見せたのは初めてといえる。それは一六年ぶりに出力上昇試験が行われる一九九〇年三月二九日に照準が合わされた。

各社の社説は主張する。

「あくまで廃船」見直せないか（産経新聞三月二八日）
「むつ」漂流の教訓生かせ（朝日新聞三月二九日）
「むつ」の駄目を戒めに（毎日新聞三月二九日）
不運な「むつ」の最後のつとめ（読売新聞三月二九日）
実験再開する「むつ」から学ぶこと（日本経済新聞三月二九日）
「むつ」の最後の旅路に望む（東京新聞三月三〇日）

この中でマスコミ報道の自戒を踏まえたのが日本経済新聞。事故時、マスコミは「放射線漏れ」と「放射能漏れ」の区別なく報道したため、社会に誤解を与えてしまったと反省、「技術分野でもマスコミの役割は大きくなっている。正確な認識と報道が必要」と結んでいる。

○朝日と読売、真っ向から主張を展開

この「むつ」問題では、一九九〇年三月二九日、朝日と読売の二大全国紙が、対峙する社論を展開した。

朝日は主張する。「一六年間眠っていた原子炉を、運転するのも異常なら、一年後の廃船を約束させられた船出も異例なことだ。計画から三〇年近くになる日本の原子力船開発とは、いったい何だったのか。一〇〇〇億円余り投じた結果、いまさらどれだけ役に立つデータを得られるのか、疑問だ。せめて、日本の技術開発史上に大きな汚点を残した『「むつ」漂流記』をきっちりとどめて、その教訓を今後の科学技術政策に生かしてもらいたい」

これに対し、読売は出力上昇試験と実験航海を成功させ、将来の舶用炉設計に生かせと次のように主張する。

「三〇ノットを超える高速コンテナ船時代がくれば原子力船が有利になるといわれた。重油を焚く船はスピードを二倍にすると燃料を八倍食う。三〇ノットを超えると船倉より燃料タンクの方が大きくなる。オイルショック以降、海運界は低速時代になり、北米航路のコンテナ船は二二ノット程度で走っている。アメリカの原子力船「サバンナ」、西ドイツの「オットーハーン」はもうとっくに試験航海を終えたが、あとが続かない。ソ連の五隻の原子力船が北極海で活躍しているだけである。

原子力船「むつ」の開発はムダだったように見える。だが、ムダに終わらせるのは残念だ。これから始まる出力上昇試験と実験航海を成功させ、将来の舶用炉設計に生かしてもらいたい。舶用炉の経験は、陸上の発電炉をもっと安全にすることに役立つに違いない。設計、建造で外国技術の導入ができなかったため国産となった。外国から教わって作っていたら放射線漏れは起きなかっただろう。自主技術で開発することがいかに険しい道であるかを、高い授業料を払って学んだと受け止めたい」（一九九〇年三月二九日読売新聞社説）

「むつ」はその後、世界各地で実験航海を行いデータを蓄積した。実験終了後の一九九三年には原子炉を解体撤去、ディーゼル機関に替えられ、一九九六年八月、日本海洋研究開発機構の海洋地球研究船「みらい」として再スタートしている。

原子力開発を考えるとき、原子力船「むつ」ほどマスコミにひんぱんに登場したことはないだろう。「政治力船」と揶揄されたり、補償費のばらまきから、「宝船」とも呼ばれたりした。まさに一挙手一投足に注目が集まった。マスメディア研究の一理論に「議題設定機能」というのがある。マスコミから注目されるほど、人々は「いま、何が問題なのか」に関心を抱くというわけだ。現在、原子力の報道はネガティブに、大きく取り扱われる傾向にある。それも、この「議題設定機能」が働いているためだ。原子力がメディアでそれほど大きく取り上げられなくなったとき、初めて原子力は成熟した科学技術となれるのではないか。

スリーマイル島原発事故──一週間で沈静化した情報開示のあり方

○アメリカ初の大事故

一九七九年三月二八日（水曜日）、アメリカ・ペンシルベニア州東部サスケハナ川の細長い中州「スリーマイルアイランド（スリーマイル島、ＴＭＩ）原子力発電所二号機（九五万六〇〇〇キロワット、加圧水型軽水炉）で発生した冷却材喪失事故である。炉内の一次系の冷却水が失われた結果、炉心上部がむき出し状態となり、燃料が破損、炉内構造物が損傷した。放射性物質が周辺環境に放出されたが、放射線障害はない、とされている。国際原子力事象評価尺度（ＩＮＥＳ）では「レベル５」（原子炉の炉心の重大な損傷）の事故とされている。

○映画と酷似し混乱を加速

ＴＭＩ事故が発生する一二日前、アメリカではハリウッド映画「チャイナ・シンドローム」が封切られ、大ヒットしていた。原子炉で異状事態が発生、高温の炉心が溶け、間一髪のところで制御されるという映画である。溶融した放射性物質が原子炉を貫通し、地球の裏側の中国まで達してしまう、というブラックユーモアからこの題名がつけられた。

事故が明らかになると、川を隔てたミドルタウンの小さな町に報道関係者が一斉にかけつけ、世界はこの事故の行方を固唾を呑んで見守った。「チャイナ・シンドローム」で想像力を掻き立てられた地元住民はパニック状態に陥り、住民の一部は避難した。人影を失った町は恐ろしい話に満ち溢れた。

だが、事故から四日後の四月一日（日曜日）、当時のカーター大統領夫妻がＴＭＩ二号機中央操作室まで足を運んで関係者の労をねぎらったことを契機に急速に沈静化、四月四日には、ペンシルベニア州のソーンバーグ知事が収束宣言を行うまでになる。この間、一週間。

この教訓から、原子力事故は隠すのではなく、積極的に事実を発信することが早期の収束につながることが明らかにされた。

この事故の第一原因は、蒸気発生器に送る主ポンプの故障だった。主ポンプが止まればすぐに補助ポンプが自動的に動き出すことになっているのだが、一二個の弁すべてが閉まっていた。このため、蒸気発生器はカラ焚きとなり、水の温度と圧力が急上昇した。圧力を逃す弁が作動し、正常値に戻ったものの、今度はその逃し弁が故障で閉まらず、原子炉内の水はどんどん失われる結果となった。流出した水を補うため、緊急炉心冷却装置（ＥＣＣＳ）が動き始めたが、運転員が判断を誤り、このポンプを手動で締めたり、量を絞った。炉内の水位が減り、燃料棒の上部が水面上に出て過熱状態となり、その一部が破損した。その結果、閉じ込められていた放射性ガスが環境中に漏れ出す事態を招いた。

事故から四か月後の八月二日、原子力規制委員会（ＮＲＣ）は事故原因について、運転員の操作ミスと発表。このＴＭＩ事故を契機に、誤認識、思い込みといった人間が宿命的に持ち合わせているファクターと機械との関わり合いに光が当てられ、「マン・マシン・インターフェイス」が原子力施設をもつ各国で論議されるようになった。

なお、ＮＲＣ、環境保護局、保健教育厚生省の専門家チームは、ＴＭＩ事故による放射線被ばくの影響について明らかにしている。その調査結果によると、発電所から八〇キロメートル以内に住む約二一六万人が受けた放射線量は、平均して〇・〇一ミリシーベルトだった。これは、自然状態でがんに罹患する三三万人に「〇・七人」を加えたものに匹敵するという。

また、英国放射線医学界の長老であるポーチン博士は一九八〇年の来日時、ＴＭＩ事故で周辺住民が受けたリスクについて、「半年間でたばこ一本分を喫煙した程度」と分析している。

○世界の原子力界に波紋

結果的には一人の被害者も出さなかったＴＭＩ事故だが、各国の原子力政策に与えた影響は大きかった。ＴＭＩと同型の加圧水型軽水炉（ＰＷＲ）をもっていた国では、点検を余儀無くされた。日本でも運転中のＰＷＲが止められ、安全解析が行われた。

このＴＭＩ事故は、世界の原子力反対運動に火をつけた。とりわけ、西側諸国では反対の声が高まった。スウェーデン、西ドイツ、オーストリアでは新規の原子力発電所が事実上、困難になった。ただ、フランスだけは原子力発電への熱意を失わず、計画通りの原子力政策が推進された。また今後一〇年間の原子力発電量を一〇倍にする方針を堅持していた旧ソ連や東欧諸国では、計画通りの建設が行われた。イギリスやカナダ、そして日本はＴＭＩ事故を教訓に、慎重に原子力計画を進めるという中間政策が採られた。

ＴＭＩ事故の翌一九八〇年には、スウェーデンで国民投票が行われ、二〇一〇年までに原子炉を段階的に廃止することが決められた。フィリピンではバターン半島のモロンに建設中の原子力発電所が一次中断するなどした。

世界最大の原子力発電国であるアメリカでの大事故は、世界の原子力界に少なからぬ衝撃を与えた。

アメリカという国は、伝統的にリスク統計を日常生活に使うのが好きだ。もともと保険会社が開発したものだが、非常にわかりやすいのが特徴。TMIでも、このリスク手法が使われた。米ピッツバーグ大学のコーエン教授はTMI事故で周辺住民が受けた被ばく量は、自然界から受ける放射線量の一〇〇分の一の一ミリレムだから、余命で一・二分の短縮、道路を二回横断したときのリスクに相当すると算出した。

チェルノブイリ事故——ソ連崩壊の引き金に

○当初から指摘されていた炉の不安定性

一九八六年四月二六日（土）、旧ソ連邦ウクライナ共和国（現ウクライナ）の首都キエフの北方約一三〇キロメートルにあるチェルノブイリ原子力発電所四号機（一〇〇万キロワット）で発生した原子力開発史上最悪の事故である。炉型は軽水冷却黒鉛減速炉（RBMK）。天然ウランを燃料に、中性子の減速材として黒鉛を利用、冷却材に水（軽水）を使うという旧ソ連独特の原子炉。ソ連原爆開発の父といわれるイーゴリ・クルチャトフが推し進めた炉型といわれる。

この炉は、一九七一年九月六日からジュネーブで開催された国連主催の第四回原子力平和利用国際会議では、ソ連側から大々的に宣伝された。だが、発表を聞いた西側諸国の専門家からは安全性に疑問符がつくとして慎重な声が相次いだ。このRBMK炉の導入を検討していたイギリスは、格納容器がないこと、低出力（全出力の二〇％以下）時、冷却水中のボイド（気泡）が増えると出力が上昇するという特性をもっていることなどから、導入が見送られるという歴史をもつ。こういった指摘にソ連側は「西側恒例の反ソ宣伝だ」として、無視または軽視した。

○一三万人が緊急避難

事故は、外部からの電源供給がストップした場合、タービン発電機が慣性エネルギーでどこまで発電できるかを実験中に発生した。この実験を行うに当たって、あらかじめ非常用炉心冷却装置（ＥＣＣＳ）を切っておくなど、さまざまな規則違反が指摘されている。ＥＣＣＳに加え、原子炉をコントロールする制御棒を規定以上に引き抜いていたこと、正規の手続きや発電所全体の合意なしに実験を行ったなど、数多くの違反が大災害をもたらした。

事故では黒鉛火災が発生、水素爆発によって建物の一部が吹き飛んだ。この結果、大量の放射性物質が環境中に放出された。黒鉛火災は二週間に及び、欧州各地に放射性物質をまき散らしたことから「地球汚染」という言葉まで使われた。

この事故で、運転員・消防士など三一名が死亡、半径三〇キロメートル以内の住民一三万五〇〇〇人が避難した。事故炉の四号機は石棺処理された。国際原子力機関（IAEA）や経済協力開発機構／原子力機関（OECD／NEA）が定めた「国際原子力事象評価尺度」（INES）では「レベル7」（深刻な事故、放射性物質の重大な外部放出）という最大規模の事故となった。

この事故は、たんに原子力発電所の事故にとどまらず、ソビエト社会主義共和国連邦（ソビエト連邦）という米国に対抗する超大国の崩壊をもたらす「引き金」となった。

○ソ連政府、ひたすら沈黙通す

世界に先駆けて事故をキャッチしたのはスウェーデンにあるフォルスマルク原子力発電所だった。構内にある放射線測定器が平常時を超える放射能を検知したことに始まる。同所はさらに分析した結果、セシウム137、ヨウ素131など、核分裂によって発生する元素が含まれていたことから原子炉事故と断定された。当時の風向きなどから、事故はソ連のリトアニア、ウクライナの原子力発電所からではないかと推測された。だが、肝心のソ連政府からは、何の発表もなかった。

事故の第一報は、二日経った四月二八日の月曜日。ストックホルム発のロイター通信によって明らかにされた。日本の新聞各紙は、このロイター電を引用して報道している。その見出しは、「ソ連原発放射能漏れか」「北欧3国に強い放射能」。

このロイター電を受ける形で、モスクワのスウェーデン大使はソ連政府に事故の有無を質すも「そのようなことはない」の一点張り。

○全文二三語、四行の「公式発表」

モスクワで活動する西側のメディアも、本社からの連絡や指示を受け、真偽を確かめるために動きだす。西側報道機関は、外国人プレスの窓口となっている外務省新聞部に問い合わせるものの、責任者のほとんどは外部に出払った後で、対応者も「何の連絡も受けていない」。この八方塞がりの中で、西側メディアが向かったのが同業のタス通信だった。ソ連政府閣僚会議幹部会所属の通信社だから、何がしかの情報を得ていると見たからだ。

ここでようやく、感触が得られる。「夜九時に公式発表が行われる」

二八日二一時、タス通信から各メディアへ公式発表が行われた。プリンターの冒頭についた文字は「哀悼」。続いて「閣僚会議から」。そして本文。

「チェルノブイリ原子力発電所で事故が発生した。原子炉のひとつが損傷した。事故の影響を取り除く措置が講じられている。また、被災者には救援の手が差しのべられていて、政府の調査委員会が設けられた」

全文二三語、四行。

同時に国営テレビのニュース「ブレーミャ」でも、閣僚会議名による同一のコメントが流れる。トップではなく、七番目のニュースとして放映された。だが、事故はいつ発生したのか。犠牲者は出たのか。破損の規模と内容は。放射能汚染はどの程度か。スウェーデンなど、隣国が感知した異常放射能値との関係は…。二三語の発表からは、こういった通常のメディアが必要としている情報は何ひとつ含まれていない。これでは記事にならない。

この閣僚会議からの公式発表から一時間後、タス通信は第二報を配信する。

「チェルノブイリ原子力発電所での事故はソ連では初めての事故である。同様な事故は他の国でも発生している。なかでも米国では、一九七九年だけでも二三〇〇件にのぼる事故、故障、欠陥が記録されている」

ここでは、チェルノブイリでの事故が、通常の原子力発電所で発生するレベルの事故であることを暗に示している。

○キエフへの取材もかなわず

モスクワにいる西側記者たちは、「現場に行って、自分の目で確かめるしかない」と、ウクライナの首都キエフへの取材を試みる。だが、ここでも当局側にさえぎられる。「キエフへの外国ジャーナリストの申請は一時的な理由で受け付けないことになった。解除期間は決まっていない」（外務省新聞部）。「ホテルの予約など、旅行にかかわるすべての手続きは、外務省の同意がないとできない」（旅行元締めのインツーリスト）。

このソ連の秘密主義に対し、西側諸国からは非難の声が高まる。そのような中、二九日になると世界的な通信社UPIが「ソ連原発事故で二〇〇〇人死亡」というショッキングな記事を世界に打電する。「八〇人が即死し、二〇〇〇人が病院に運ばれる途中で死亡した」というものだ。ニュースソースは、キエフに住む女性からだった。情報の「ないないづくし」の中で、世界の多くのメディアはこのUPI電にとびついた。

日本の新聞もこの配信を記事にした。国民の間に不安が広がった。「洗濯物が雨に濡れたが大丈夫か」「運動会を開いても平気か」。五月一日だけでも気象庁には一〇〇本近くの電話相談が殺到した。

○一一日目にして初の記者会見

事故発生から一一日目の五月六日、ソ連政府は初の記者会見を開くことになる。それには、会見を開かなければならない事情があった。当日の共産党機関紙『プラウダ』によるルポ記事である。二人の記者によるチェルノブイリ事故の現地報告だ。空撮や専門家へのインタビューを織り交ぜた長文のルポを載せたのだ。この記事によって、当局側も外国メディアへの対応に重い腰を上げざるを得なくなった。会見には政府委員会の代表であるペトロシャンツ原子力利用国家委員会議長、コワリョフ外務第一次官らが顔を連ねた。

この六日の会見を境に記者会見が増える。三日後の九日にはヘリコプターから現場を視察した国際原子力機関（ＩＡＥＡ）のブリックス事務局長とローゼン安全部長の会見もモスクワでもたれた。

そして、ゴルバチョフ共産党書記長は五月一四日、国営テレビを通じてチェルノブイリ事故について初めて言及した。二五分間の演説だったが、事故原因については言及を避けた。

○「事故は大団円だった」

チェルノブイリ事故はその後、ソ連の体制崩壊へと結びついていく。その引き金となったのが、事故前年の一九八五年三月、「グラスノスチ（情報公開）」と「ペレストロイカ（改革）」を車の両輪とする「新思考外交」を引っ提げて政権の座に着いたミハイル・ゴルバチョフ共産党書記長の登場だ。だが、政権発足一年後に発生したチェルノブイリ事故では、この「グラスノスチ」がまったく機能せず、西側諸国から非難を浴びた。「ペレストロイカ」では官僚主義があらゆる組織で根を張り、改革には程遠い実態を露呈してしまった。

加えて、IAEAのチェルノブイリ事故調査委員会のソ連代表団団長を務めるなど、ゴルバチョフ書記長が全幅の信頼を寄せていたクルチャトフ原子力研究所のワレリー・レガソフ副所長が自殺したことも関係者に大きな衝撃を与えた。遺書の中でレガソフ副所長は、事故はソ連の政治・経済システムの危機的状況が生んだ結果であることを指摘している。「チェルノブイリ事故はひとつの大団円だった。何十年にもわたって、ソ連が進めてきた社会・経済運営のすべての誤りがクライマックスに達したのだ」

○各国の原子力政策に影響与える

レガソフの遺書通り、チェルノブイリ事故はソ連の崩壊をもたらした。同時に世界の原子力・エネルギー関係者に原子力政策の見直しを迫るなど、深刻な影響を与えた。

いち早く反応したのがオーストリア。ウィーン郊外のツベンテンドルフ原子力発電所の解体を決めたのだ。一九七七年に完成していたが、一九七八年の国民投票で運転入りに「ノー」の表意。一九八〇年に入って、国民投票の再投票の動きも出始めていたが、チェルノブイリ事故によって、再投票への道は完全に閉ざされ、閉鎖に追い込まれた。

欧州で有数の原子力発電国であるイタリアでも、チェルノブイリ事故は陰を落とす。チェルノブイリ事故を受け、一九八七年一一月に行われた国民投票で、国民は原子力発電からの撤退を選択したのだ。運転中のカオルソ、ガリリアーノ、ラティナ、トリノ・ベルチェレッセの四原子力発電所、一四七万六〇〇〇キロワットが停止された。建設中の二基もストップされた。さらに核燃料サイクル関係の施設も閉鎖された。皮肉なことに、不足する電力については、電力の大半を原子力発電で賄っているフランスなどからの電力輸入でしのいでいる。

西ドイツもチェルノブイリ事故を契機に、脱原子力を掲げる緑の党が急伸、反原子力に政策転換した社会民主党との連携が一段と進み、段階的な脱原子力が国の基本方針となった。オランダでは新規に建設される予定だった二基が棚上げされた。ベルギーでは一九八八年、新規原子力発電所の建設計画が放棄された。


チェルノブイリ事故が起こってから二四年。「十年一昔」というが、その倍の二〇年だから、人びとの記憶も大分遠のいたのではないかと思いきや、まだまだ生き続けている。二〇〇九年一一月、都内の大学で「原子力」と聞くとどのようなイメージを抱くか、というアンケート調査をしたところ、「チェルノブイリ事故」を選択した人は「放射能・放射線・被ばく」「北朝鮮やイランの核疑惑」「ヒロシマ・ナガサキ」に次ぐ四位だった。平成生まれで事故後に生まれた学生たちだったが、彼らなりに、チェルノブイリ事故は歴史の惨事として記憶の片隅に残していることを窺い知ることができる。

ＪＣＯ臨界事故――青い閃光で初の犠牲者

○日本の原子力開発史上初の臨界事故

日本の原子力開発史上初の犠牲者を出した臨界事故は、一九九九年九月三〇日、茨城県東海村にある核燃料加工施設のＪＣＯ（ジェー・シー・オー）東海事業所の転換試験棟で発生した。この事故で作業チームの三名が被ばく、二人が死亡した。このほか、従業員や地域住民ら四三九人が被ばくした。

東海村は事故現場から三五〇メートル以内の四七世帯・一六一人に退避勧告を出し、近くの公共施設が避難場所となった。また茨城県は、半径一〇キロメートル圏内の住民約三一万人に対し屋内退避勧告を発動した。国際原子力機関（ＩＡＥＡ）による国際原子力事象評価尺度（ＩＮＥＳ）はレベル４（所外への大きなリスクを伴わない事故）となった。原因は、決められた手順を大幅に変更、本来の使用目的と異なる沈殿槽に制限値を超える多量の硝酸ウラニル溶液を注入したことによる。

○裏マニュアルの存在

この事故は一九九九年九月三〇日午前一〇時三五分、ＪＣＯ東海事業所の転換試験棟で起こった。構内に設置してある放射線モニターが一斉に警報音を発し、事故が発覚した。転換試験棟では、三人の作業チームが、前日に引き続いて、核燃料サイクル開発機構（現日本原子力研究開発機構）の高速実験炉「常陽」用の燃料を製造する作業を行っていた。

核分裂性のウラン235の濃度は一八・八％と、軽水炉の五％前後より四倍ほど高い。ガス状のフッ化ウランから、固体の酸化ウランを経て、硝酸ウラニル溶液への転換作業である。この日の作業は至って単純で、酸化ウラン粉末を硝酸で溶かせばよい。最終商品となるこの硝酸ウラニル溶液は、ウランが一六キログラムずつ含まれるように分けられ、「常陽」側に引き渡されるという流れだ。強いて問題があるとすれば、この仕事はサイクル機構から注文があったときだけ行う作業で、不定期だった。年長のAさんが三年ほど前に一度行っただけで、他の二人は初めてだった。いわば三人とも、ほとんど初めてといってよい作業だった。

だが、国が認めた手順に従えば、何の心配もなく、製品を作ることができる代物だった。

その正規の作業手順を守っている限り、臨界は起こらない。臨界防止に向け、質量制限、形状制限、濃度制限などの管理が施されているからだ。実際、転換試験棟の貯塔は直径一七センチで、濃縮度二〇％未満のウランに対する直径の形状制限である一七・五センチ以下になっているため、容量のいかんにかかわらず、臨界になることはない。

原料溶解から始まる精製工程と製品溶解工程のすべてについて、ＪＣＯは臨界事故を防ぐ安全基準として、ウラン濃縮度・六～二〇％の場合、一度に取り扱うウラン量を二・四キログラムと制限していた。この臨界制限量をＪＣＯでは「一バッチ」と呼び、作業マニュアルにも明記されていた。

ウラン粉末と硝酸を溶かす最後の工程を行うにあたって、攪拌装置がついている沈殿槽の利用がチーム内から発案された。作業が容易で時間が短縮できると考えたからだ。Ａさんは昼休み時間を利用して、同僚の専門家に溶液の均一化攪拌作業に沈殿槽を使っても問題がないかどうかを尋ねている。核燃料取扱主任者の資格をもつその専門家は、昼休みが終った午後一時過ぎ、Ａさんに「大丈夫だろう」と返答している。この専門家は事故後、「軽水炉燃料ではウラン量が六〇グラムであったため、六、七バッチ入れても問題にならないと判断してしまった」と述懐している。

量に加え、沈殿槽という形状も臨界発生の条件を作り出していた。その直径は四五センチと貯塔よりずっと太い。さらに槽を囲むように水が循環していたことも、臨界を加速する役割を果たした。臨界の火種となる中性子が沈殿槽の外に逃すのを妨げ、逆に反射材のような働きをするからだ。

裏マニュアルが長く存在していたことも、安全無視の行動へ駆り立てた。裏マニュアルは違法なのだが、会社内では公然とまかり通っていた。その目的は工程のスピード化である。工程の一部を簡素化するため、バケツを利用した作業が常態化していたのだ。この裏マニュアルの存在が、三人の作業チームをして、さらに工程を短縮する行動へと走らせた。社員に対する臨界教育もほとんど行われていなかった。

一九九九年九月二九日午後、専門家からの「御墨付」を受け、三人は最後の工程作業に入る。

ステンレス製のバケツに精製粉末と硝酸を入れて溶かす。沈殿槽を囲むように作業用の金属製階段があって、沈殿槽上部にある直径八センチの穴には漏斗が差し込まれていた。一人が階段上部からビーカーに入った溶液を沈殿槽に流し込み、もう一人が下からその漏斗を支える。四バッチ分（九・六キログラム）投入したところでこの日の作業を終えた。この時点で、すでに一度に取り扱う限界量を大幅に超えていた。

○最後の工程で臨界事故

運命の三〇日。三人は朝から残りの三バッチ分（七・二キログラム）の溶液作業にとりかかる。そしてBさんが沈殿槽上部の漏斗から溶液を注ぎ込み、Cさんがその漏斗を下から支える。リーダー格のAさんは沈殿槽から離れた壁の外側に立っていた。

臨界は、この七バッチ分を二回に分けて沈殿槽に流し込む最後の時に起こった。一瞬、青い光が放たれた。Aさんの「逃げろ」という大声に三人は現場を離れる。三人は隣接する住友金属鉱山の第一ウラン試験棟に逃げ込んだ。Cさんは嘔吐のためトイレに駆け込み、出てきたときには意識を失っていた。さらに何度も嘔吐を繰り返し、からだを痙攣させた。残った二人はCさんを除染室に運んだ。

被ばくした三人はまず国立水戸病院に運ばれたものの、放射線医学の治療を専門に扱う病院が相応しいとして、その日のうちに千葉市にある放射線医学総合研究所に移送された。だが、総合的な医療体制をとる必要性から、入院から二日後の一〇月二日、Cさんは東大病院に、Bさんも東大医科学研究所付属病院に転送された。沈殿槽を抱くような姿勢で作業していたCさんの被ばく線量は一六～二〇グレイ、階段上部から溶液を沈殿槽に注ぎ込んでいたBさんは六～一〇グレイ、そばにいたAさんは一～四・五グレイだった。線量が二グレイを超すあたりから、急性で重度の症状が現れることが多いといわれる。

最も大量の線量を被ばくしたCさんは病院側の懸命の治療にもかかわらず、一二月二一日、多臓器不全のため東大病院で亡くなった。Bさんも翌二〇〇〇年四月二七日、多臓器不全のため亡くなった。

○中性子はどこから?

核分裂を起こすには、その核分裂を起こす本体とともに、火種となる中性子が必要だ。この事故の場合、本体は「常陽」用の、ウラン235を一八・八%含む硝酸ウラニル溶液である。

専門家によると、この火種として二種類を掲げる。一つはウラン238の自発核分裂で発生する中性子、もう一つはアルファ線と酸素の核反応から出てくる中性子。

自発核分裂というのは、外からのインパクトなしに起こる核反応だ。もう一つはウランから放出されるアルファ粒子の一部がウラン溶液にある酸素と衝突して中性子を放出するというもの。JCOの臨界事故の場合、自発核分裂では、毎秒四〇〇個の中性子が発生したと見られることから、前者が火種になったと見られている。

○臨界阻止へ水抜き作戦

臨界とは、核分裂反応が連鎖的に続いている状態である。別の言葉で言えば、中性子の生成と消滅が均衡する状態ともいえる。原子力発電では、ゆっくりと臨界を高めながら出力を上昇させていき、所期の出力に達したら、臨界状態を一定に保ち、出力を安定化させる。

原子力発電での臨界状態は通常だが、核燃料工場での臨界は「事故」を意味する。

ＪＣＯ事故では、この臨界状態が一九時間四〇分も続いた。なぜ、これほど長く臨界状態が継続したのか。それは沈殿槽が丸みの形をした容器だったのに加え、その沈殿槽の外側を、厚さ二・五センチの循環する冷却水ジャケットが取り巻いていたからだ。

水は中性子を減速させる。中性子のスピードが落ちると、核分裂反応が高まる。軽水炉が減速材として水を使っているのはこのためである。また水は、外に出ようとする中性子を沈殿槽に押し戻す役割を果たす。加えて循環することによって水の温度を下げることも、臨界を助長する。つまり冷却水ジャケットの存在は、臨界を発生させ、臨界状態を維持する働きをすることになる。逆説的にみれば、冷却水がなければ中性子は外に逃げて行くから、核反応は抑制される。また水温が高くなれば、水の密度が下がるから中性子の反射率も落ちる。いずれも臨界状態にブレーキがかかる。

臨界を終息させない限り人々の避難や退避は終らない。事故現場で指揮をとった住田健二・原子力安全委員長代理（当時）は、この臨界の終息には、冷却水の水抜きしかないと判断、同じ東海村にある日本原子力研究所や核燃料サイクル開発機構の応援を得て、「水抜き作戦」の検討に入る。

九月三〇日午後八時過ぎ、沈殿槽のある建物の見取り図と詳細な図面がＪＣＯから届けられた。それらが原研やサイクル機構の人たちによって解析された。

沈殿槽からの放射線は、相変わらず高い状態が続いていた。この高放射線下で水抜き作業をすることは被ばくの危険がつきまとう。一秒でも早く、短時間交替で作業を効率的に進めなければいけない。住田委員長代理は、この水抜き作戦を実行するにあたって、上司である佐藤一男委員長に対し「一〇〇ミリ・シーベルトまでの被ばく」を打診、了解を得ていた。だが、現場では「酷だ」との声が強く、結局、二〇ミリ・シーベルトを上限とすることが確認された。突入する作業員には警報付きのポケット線量計が身に付けられた。

○決死隊に手を挙げた社員たち

この水抜き作戦の敢行で問題になったのが、この作業を誰にやってもらうのか、という問題である。話し合いの結果、事故を起こしたＪＣＯの社員で決行されることとなった。その中でも、将来がある独身者は除外された。ＪＣＯが作業者の人選を終えたのは一〇月一日午前一時半を回っていた。

作業者は二人一組で行われることが決まった。

手順は、まず現場の配管撮影からとなった。冷却水配管のバルブの向きなどを確認するためだ。第二陣以降は、冷却水の給水ポンプを止め、排出バルブを全開して放出させる。バルブが動かない場合はハンマーで破壊して水を抜く。

午前二時三五分。第一陣が出発。同僚の運転で転換試験棟に乗りつける。降りると線量計のアラームが鳴る。二人はインスタントカメラのシャッターを三回切って車に戻り、事務棟に還る。この現場での作業時間は三分。被ばく線量は、上限とされた二〇ミリ・シーベルトの五倍近くに達した。このため、二陣以降の線量限度は急遽五〇ミリ・シーベルトに引き上げられた。同時に作業時間も一分〜二分に短縮された。

第二陣は午前三時一分に出発。冷却水が循環していることを確認。同三分に帰還。

第三陣は同二二分出発。三分間の作業で給水ポンプを閉め、排出バブルを開けたものの、出てきた冷却水はわずかだった。これは、沈殿槽側の液面が配管と比べ、あまり高くなかったためだ。

第四陣、第五陣で配管が破壊されたが、それでも水の排出は少なかった。この原因は後日に判明するのだが、冷却水を貯める冷却塔に長年にわたるゴミが付着、目詰まりを起こしていたためだった。

このため、第六陣では、ほかの物質と反応し難いアルゴンガスを吹き込む準備にとりかかった。

午前六時四分、第一〇陣が最後のアルゴンガスを管に吹き込むと水抜きが加速、線量は一挙に落ちた。

この時点で、臨界状態は急速に低下した。さらなるトドメとして、中性子を吸収するホウ酸が沈殿槽に投入された。午前六時一五分だった。こうして、水抜き作戦を開始して三時間四〇分後、臨界は終息した。

この臨界事故でＪＣＯは二〇〇〇年四月二八日、設備の無認可変更など、原子炉等規制法違反があったとして、科学技術庁から事業認可取り消し処分を受けた。

○二律背反の克服求める

①安全を向上させると効率が低下する
②規制を強化すると創意工夫がなくなる
③監視を強化すると士気が低下する
④マニュアル化すると自主性を失う
⑤フールプルーフは技能低下を招く
⑥情報公開すると過度に保守的となる

⑦責任を厳密にすると事故隠しが起こる
⑧責任をキーパーソンに集中すると、集団はばらばらとなる

これは、事故後に設置された原子力安全委員会の「ウラン加工工場臨界事故調査委員会」（委員長：吉川弘之・日本学術会議会長）が一九九九年一二月二四日、一〇三項目の改善提案を盛り込んだ最終報告書をとりまとめるにあたり、吉川委員長が結語の所感として指摘した「二律背反」である。一方の実現を求めると、片方に不具合が生じるという矛盾だ。「安全を向上させると効率が低下する」という代表的な二律背反は、科学技術ではよく直面する課題だが、吉川委員長は「これらの矛盾を解決しない限り、原子力の将来はない」とまで言い切る。安全性の向上も効率も同時に成し遂げる。規制が強化されても総意工夫の熱意は失わない…。両立は可能であると指摘する。

また、吉川委員長は、ＪＣＯ事故が、原子力技術の中でも、成熟度の異なる接点で発生したことに注目、安全確保に向け、混在する技術の存在には十分な配慮が必要と訴えている。

ＪＣＯ事故が東海村で発生したことが、結果的に臨界の終息を早めた。日本原子力研究所、核燃料サイクル開発機構と、日本の原子力研究開発の双璧たる二つの研究機関で働く頭脳が、日本の原子力開発史上初の臨界事故を止めた。優秀な人材が生活と仕事の拠点を置いている東海村は世界に

誇っても良い。

第六章　暮らしと直結する放射線利用

放射線と人間――レントゲンの発見から一一五年

○診断や医療に革命をもたらしたX線

地球に生命が生まれてから今日まで、人類を含むあらゆる生命体は、宇宙から地球に降り注ぐ放射線の中で進化してきた。また居住する足元の大地からも常に放射線を受けてきた。そして食物を通して、私たちはさまざまな核種による内部被ばくから放射線を浴びてきた。まさに放射線とともに歩んできたといってよい。

このように、放射線と人類との付き合いは古い。だが、人間がその放射線の存在を知ったのは最近だ。ドイツ・ウルツブルグ大学の教授をしていたW・K・レントゲンが一八九五年一一月八日、実験室でエックス（X）線を発見したことに始まる。レントゲンは、その得体の知れない「未

レントゲン

知の光」という意味で「エックス線」と命名した。レントゲンは実験を繰り返し、その研究論文をウルツブルグの物理・医学協会に投稿した。さらにレントゲンは、結婚指輪をつけたベルタ夫人の手が写ったエックス線写真などを添えて、欧州各地の物理学者たちに送付した。このエックス線の発見によって、レントゲンは、第一回ノーベル物理学賞を受賞する。

エックス線の発見と研究は燎原の火のように、欧州各国やアメリカの研究者に知れわたり、またたく間に医学界で応用されていった。今日のように通信手段が発達していない当時だったが、エックス線のニュースは日本にも押し寄せた。一八九六年二月二九日付けの『東京医事新誌』に掲載された。三月七日には福澤諭吉が創刊した『時事新報』に、そして九日には『大阪毎日新聞』に紙面化された。日本では、骨が写った写真から「撮骨写真」とか、見えないところも撮影できることから「顕秘写真」とか言われた。

このエックス線発生装置は一八九八年、ドイツから輸入され、陸軍医学校と東京帝国大学医学部に設置され、診断・医療に使われた。国産のエックス線装置は一九〇九年、島津製作所によって生産され、陸軍病院に搬入された。

エックス線発見からわずか三年にして、欧米各国でエックス線装置が生産・普及した背景には、一ジャーナリストの記事がある。レントゲンがエックス線を発見してから二か月も経たない一八九六年一月、たまたま息子から耳にしたこの不可解な出来事をキャッチしたウィーンの新聞『デ・プレッセ』紙の編集長は、取材を重ねる中でその「ニュース価値」に気づき、五日付けの新聞の一面で報じたのだ。しかも難解な内容を、噛み砕いて平易に書き上げ、かつ医学上の貢献まで言及していた。このニュースは、一面の記事の中でも異彩を放っていた。多くの医学関係者の目にとまり、エックス線が次世代の先端医学として期待されるようになった。

○放射線ホルミシスと人間

「見えない」「聞こえない」「触れることができない」「匂いもしない」「味わうこともできない」――。放射線が人間の五感に感じないのは、「空気」と同じように、人間にとって欠かせないものだからではないのか。放射線と人間との関係について、こう考える人もいる。放射線は地球誕生時から存在していたし、その環境の中で人間も進化してきたのだから、そういわれれば納得がいく。

一九八二年、アメリカ・ミズリー大学のトーマス・D・ラッキー教授はこの低放射線環境下での生命体の活動を研究、論文として発表している。だが、放射線は微量でも危険とする考え方が主流の当時にあって、この論文は無視された。だが、一九八五年になって再評価の動きが起こり、一躍、「放射線ホルミシス」（微量の放射線量は生命の活力を刺激し、健康に役立つ）という概念として普及し出す。

ラッキー教授は、ゾウリムシを使って個体数の増減を試みた。自然環境下のゾウリムシと、周囲を鉛で囲み、自然放射線を人工的に遮蔽した「無放射線環境下」のゾウリムシを比較したのだ。結果はどうだったか。放射線のないゾウリムシのグループは、自然状態のゾウリムシグループと比べ、三分の二程度まで個体数を減らしたのである。そして、今度はその無放射線下に放射線を放出するトリチウムを加えたところ、一転してゾウリムシが増殖した。

この実験からラッキー教授は、放射線は、生命活動に欠かすことのできないもので、その量は「自然放射線量の一〇〇倍までは有益である」と結論づけた。そして一〇〇倍までの放射線は、①がんや白血病の発病を抑制する、②細菌感染症に対する抵抗力が増す、③老化を抑制し寿命を延ばす――という「放射線ホルミシス効果」をアメリカ保健物理学会誌に発表した。

○放射線利用を凝縮している車

放射線は使い方次第で、デメリットになれば、メリットにもなる。

デメリットの代表格は原子爆弾だ。その高熱と高い放射線は一瞬にして多くの人の生命を奪う。ヒロシマやナガサキでの悲惨な被ばく体験は、戦後六五年を経た今も日本人の脳裏から離れない。

メリットは、このデメリットの裏返しにある。核兵器が戦争の道具（抑止力もあるが）としか使えないのに対し、平和利用である放射線は、工業・農業・環境・医療と、利用分野はケタ違いに広い。それはどれも私たちの暮らしや社会と結びついている。実際、原子力委員会によると、放射線利用の経済規模は四兆円余りと、発電利用の四兆七〇〇〇億円に迫る規模となっている（二〇〇五年度）。年度によっては発電利用を凌ぐこともある。

病気や害虫に強く、厳しい気象条件下でも生育する作物の品種改良や、宇宙空間という過酷な環境下でも長期間の運用に耐えうる人工衛星の実現や新素材の開発、汚染物質の無公害化など、列挙すればきりがない。核医学では、病巣や診断をいち早く見つけ出す医療機器や装置の開発は日進月歩だ。それほど、放射線を利用した技術は進歩が著しい。それは、産業社会から家庭のすみずみまで浸透している。

車にその例をとってみよう。車の生産はその国の科学技術レベルを現わしているといわれるからだ。

高速走行の安定運転に欠かせぬラジアルタイヤは放射線によって生まれたもの。車の心臓部ともいわれるエンジンが納まっているボンネット内では、高熱や振動にさらされるため、取り付ける多くの素材は、厳しい性能が要求されている。所狭しと入り組んでいる配線類は放射線で強化された耐熱電線が使用されているし、電線を保護するチューブも摂氏二〇〇度にも耐えられるよう放射線加工が施されている。車内に目を向ければ、これまた放射線で加工されたプラスチック製品で満ち溢れている。断熱加工された天井、乗り心地のよい座席シート、車内の臭いを消す吸着脱臭剤、そしてドアの緩衝材と、いずれも放射線で加工された材料が使われている。

雨や温度変化にも強いボディの塗料も、放射線を当てることから生まれたもの。最終の安全チェックも、放射線を利用した非破壊検査で行われている。

太古の昔から、この地球上の人類は放射線にさらされて生きてきた。宇宙から、大地から、そして食物を通して、放射線を浴び続けてきた。いわば、人間は放射線を欠かせない環境の中で進化してきたといってよい。放射線は人間にとって、空気みたいな存在である。だからこそ、五感では放射線を感知できないのかも知れない。全国各地、温泉に恵まれている日本人は、ラドン温泉に代表されるように、知らず知らずの間にほどよい被ばくを浴びてきたといってよい。

食品照射――世界から飢餓をなくすことができるか

○常温で食物の鮮度を保つ新技術

食品照射とは、放射線を食物に当てることにより、雑菌の排除や発芽を防止することで鮮度を保つ保存技術をいう。一九七〇年代に実用化され、現在では世界五二か国・地域で導入されている。その品目は約二三〇品目・四〇万トンに達する。もっとも多く食品照射を実施している国は中国で、ニンニクやスパイスなどに食品照射を行っている。次いで米国、欧州となっている。日本では一九七二年から認可されているジャガイモのみで、目的は発芽防止。

一般的にいって、農産・海産物などの鮮度は、保冷や冷凍などを施さない限り、常温では時間とともに失われていく。国連食糧農業機関（ＦＡＯ）によると、腐敗による食糧の損失は世界全体で二五％に達している。世界では飢餓に苦しんでいる人々が一〇億人もいる。飢えが原因で、毎日、二万五〇〇〇人が命を落としているのが実情だ。その人たちの口に入ることなく捨てられている現実は悲しいことだ。この食糧の保存技術として打ち出されたのが、食品照射だ。

食品照射に関し、FAO・IAEA（国際原子力機関）・WHO（世界保健機関）三機関の専門家による共同調査は一九八〇年、次のような結論を打ち出し、承認している。

「一〇キログレイ以下の放射線量であれば、毒性はおろか、いかなる栄養学的、微生物学的問題も発生しない」。

国際微生物連合も一九八二年に、この結論を追認している。

この一〇キログレイの線量とは温度換算すると、「二・四度Cの温度上昇に相当するエネルギー」と言い換えることもできる。

私たちは日常、「火」を使って食物を調理する。沸騰するお湯は一〇〇度Cに達するし、油となれば二〇〇度C近くにもなる。熱に弱いビタミンは破壊されるが、それでも、私たちは煮たり、炒めたり、焼いたり、揚げたりして料理してきた。このことからみても、食品照射は、十分に受け入れられてよい食品保存技術だが、日本では、一九七二年のジャガイモでの発芽防止が実用化していらい、普及していない。これは日本の消費者が食品照射に根強い不安感を抱いていること、国の食品安全委員会がいまだ明確な安全宣言をしていないことなどが影響している。

これまで、放射線の照射技術が登場する前までの食品保存としては二臭化エチレンなどの化学処理によって行われてきたが、化学処理は発がん性があることなどから中止する動きが続出、EU（欧州連合）では、香辛料の食品照射を加盟国の統一基準としている。

○ポスト・ハーベスト・ロス

食品の保存技術は、人類の歴史とともに歩み、そして発展してきた。

古くは乾燥保存から始まり、塩漬け、燻蒸、醗酵と、先人たちの知恵と工夫で発展してきた。比較的、新しい技術としては、缶詰、冷凍、真空、そして化学添加物などが実用に供されてきた。これらの保存は、腐敗を起こすカビや微生物の発生を抑え、または害虫などを死滅させることによって、食品の寿命を伸ばすことに貢献している。食の安全を確保しようとするものだ。

こういったさまざまな食品保存技術の向上に加え、先進国の各家庭に冷凍・冷蔵庫が普及したことも、食品保存を、大きく改善させた。

これに対し、送電設備や道路の整備など社会的なインフラの整備があまり進んでいない途上国の人たちにとっては、ポスト・ハーベスト・ロス（収穫後の食物の損失）は深刻で、損失率は二五％にも達する。海産物を生業や食とする人びとにとっては深刻だ。

食品照射は、このような地域で生活を営む人たちに大きな恩恵をもたらす。照射食品は、常温状態でも、微生物や害虫の発生を抑え、腐敗のスピードを著しく遅くさせるからだ。さらに、化学薫蒸や食品添加物に代表されるような、発ガン物質の残留もない。物質を透過するだけだから、食品に何も残さない。食物についた菌や害虫などを高温で死滅させるわけではないから、栄養や風味を損なうこともない。

食品に放射線を当てることによって、食品保存を図る研究は、20世紀初頭には考えられていた。一部の科学者の間では、効果を求め実験が繰り返されていたが、本格的に取り組まれるようになったのは第二次世界大戦後からである。

日本でも世界とほぼ同時期、研究開発が行われるようになった。一九五四年一月に開かれた日本水産学会では、東京水産大学の岡田郁之助教授が実験結果を発表している。研究発表から間もない五月一日、同教授は朝日新聞紙上に「放射能（原文のママ）利用の殺菌法、食品保存に有効なガンマ線」と題する一文を寄せている。

○缶詰に匹敵する食品保存革命

食品照射のメリット、デメリットをあげると次のようになる。

・加熱による殺菌ではないので、生鮮物など、加熱できない食品の殺菌や殺虫に適してい

る

・放射線は均一に物体の中を透過するので、食品の形状を問わず、包装したままの状態で大量の処理が可能

・化学薬剤処理と違い、残留性や環境への影響が少ない

一方、デメリットとしては、以下のような課題がある。

・ある種の米では味の低下がみられる

・小麦では粘度が低下する

・ビタミンB_1といった特定の栄養素が失われる

缶詰は、フランスの菓子職人フランシス・アペールが発明した。ナポレオンはいち早くこの缶詰を利用することにより、戦局を有利に導いたといわれる。缶詰は世界の食料保存に革命をもたらしたが、食品照射も、この缶詰に匹敵する技術といえる。

食品照射に関しては一九九一年五月の五日間、タイのバンコクで開催されたアジアのジャーナリストを対象にしたワークショップが忘れられない。主催は、国連開発計画（ＵＮＤＰ）・国連食糧農業機関（ＦＡＯ）・国際原子力機関（ＩＡＥＡ）の三機関。昼食会や晩餐会では、照射食品と非照射食品が並べられ、どちらが照射食品かを当てるのだが、味や歯ごたえなど、ほとんど差がなく、

閉口した思い出がある。ただ、パパイヤなどの果物は、照射によって熟成速度が遅くなるため、自然状態のパパイヤと比べると、甘みが薄い。ＦＡＯによると、世界の飢餓人口は、二〇〇九年になって一〇億人を突破した。常温でも長持ちする食品照射が普及すれば、食品照射による保存は一挙に普及しよう。

放射線による害虫駆除――ニップリングが生み出した撲滅作戦

○沖縄の成功

がんの治療から各種の病気の診断、新材料の開発や半導体の加工など、放射線の利用分野は日進月歩。そのなかでも、目に見えるかたちで放射線利用の実績が示されたのは、ウリミバエの撲滅作戦だ。

ウリミバエは、その名から連想できるように、ニガウリ（ゴーヤ）、キュウリ、スイカなどのウリ類に寄生する害虫である。一世代は約一か月で、年間八回程度、世代を重ねる。成虫は体長八ミリ前後で、一匹の成虫から一〇〇〇個以上の卵が産まれる。卵は一～一・四ミリ。幼虫はウジ虫と呼ばれ、ウリ類の果肉を食い散らす。

繁殖力が旺盛なこのウリミバエ、もともとは東南アジアに分布していたが、一九一九年

（大正八年）、八重山列島で発見されていらい、沖縄、奄美諸島と北上し、その生息範囲を広げていた。

◯殺虫剤から放射線利用へ

ウリミバエが問題となったのは、一九七二年の沖縄返還後。沖縄県の特産であるニガウリなどが出荷できない事態を迎えてからだ。本土復帰にともない、害虫の寄生植物の移動を禁止・制限する植物防疫法が適用され始めたのだ。

ふつう、害虫駆除というと殺虫剤が使われる。だが、殺虫剤は高い毒性があるため、人間や家畜にも害をもたらす。その一方で、害虫を食する益虫まで殺してしまう。植物に残留する薬品も有害なため、残留農薬として厳しい基準が科せられている。また、繰り返し使用すると、その殺虫剤に耐性ある害虫が出てくるようになる。実際、終戦直後では、ノミやシラミを駆除する目的で、有機塩素系の殺虫剤であるＤＤＴが散布されたが、ＤＤＴに強い害虫も現れた。

このため、考え出されたのが、放射線を利用した害虫の不妊化である。

生殖腺は生殖細胞を活発化して精子を作っているため、基本的に放射線の影響を受けやすい。放射線に弱い。この原理を応用したのが、害虫に放射線をあて、その生殖能力を弱める手法だ。生殖能力を失ったウリミバエのオスは、自然界のメスと交尾しても精子の減少や異常のため、受精できない。一方のメスでも、放射線を照射されると、卵巣が未成熟のままだから、これまた、正常なオスと交わっても孵化できない。

このように不妊化ウリミバエが大量に自然界に放たれると、だんだんと正常なウリミバエの数が減り、最後には駆除されてしまうというものだ。「不妊虫放飼法」といわれる。

○孤島のキュラソー島が実験場に

不妊化による駆除を考え出したのは、アメリカの昆虫学者E・F・ニップリングである。一九三〇年代のことだ。かれは、牛などの家畜がラセンウジバエに苦しんでいる姿から、この駆除法を考えついた。成虫のラセンウジバエは家畜の傷口に卵を産みつける。幼虫はその肉を栄養にして、体内奥深くまで潜り込んで家畜の体を蝕む。ときに家畜の生命をも脅かす。

この現実を打開するため、ニップリングは、不妊化した大量のラセンウジバエを放すことで、ラセンウジバエの個体数を自ら減らせるのではないか、と考えた。

ちょうどそのころ、テキサス大学の遺伝学者H・J・マラーは、ショウジョウバエにエックス線を照射すると、突然変異が発生することを発見する。この発見でマラーは一九二七年、ノーベル生理医学賞を受けた。

ニップリングはこのマラーに、エックス線を使ってハエを不妊化できないものかどうかをたずねた。この問いに対し、マラーは次のように答えたという。

「エックス線で不妊化はできようが、ハエも同時に弱って、照射していない自然のハエと競えなくなるのではないか」

不妊化するが、元気なハエの方がよいに決まっている。交尾能力が落ちては困る。ニップリングは、元気で、しかも不妊化が可能なぎりぎりの線量として、ガンマ線で五〇グレイ（グレイ：放射線の吸収線量の単位）という線量を突き止めた。

ニップリングは一九五四年、ベネズエラ近海のオランダ領キュラソー島で、自然界での実験に入る。放射線によって不妊化したラセンウジバエのサナギを大量に作り、飛行機による上空からの散布を行ったのだ。その結果、島でのラセンウジバエの被害が激減するという成果をもたらした。その後、世界で、この不妊化による放飼が実行され、成功例が報告されるようになった。

○絶滅へ、六二〇億匹の不妊化ハエを放飼

沖縄県でのウリミバエの絶滅作戦は一九七五年からスタートした。本格的な放飼に先立

ち、まず久米島で試験が行われることになった。沖縄本島に不妊化の照射施設が、そして石垣島にウリミバエの大量増殖施設が建設された。翌七六年五月からは毎週二〇〇万から四〇〇万匹のウリミバエが生産され、逐次七〇グレイのガンマ線が照射され、放飼用容器から放出された。半年後の一〇月には、久米島でのウリミバエ被害がゼロになったことが確認された。この間、放飼された不妊ハエは約三億六〇〇〇万匹だった。

不妊化の有効性が確認されたため、沖縄県におけるウリミバエの根絶作戦が一九七八年から本格的に始まった。島の大きさなどから放飼規模が算出され、不妊化したウリミバエが撒かれた。

その撲滅作戦が始まって、一五年を経た一九九三年一〇月、ようやく沖縄県からウリミバエが姿を消した。ウリミバエを駆除するのに、沖縄県全域に放出された不妊化ウリミバエは六二〇億匹にのぼった。

ウリミバエの根絶によって、沖縄・奄美地域に住む人たちは、害虫による被害対策から解放された。ミカン、ニガウリなどが自由に本土へ出荷できるようになったのだ。経済効果は顕著だった。沖縄返還時、本土への農産物の出荷額は七五〇〇万円だったものが、一九九〇年には約八〇億円と大きく出荷を伸ばした。照射施設などの建設費に二〇〇億円がかかったものの、その後の農産物の生産拡大から、余りある経済効果をもたらしているといってよい。一九九四年にはミバエ根絶記念碑が沖縄に建てられた。
放射線照射による不妊化技術は、アフリカ中部で猛威を奮っているツエツエバエと地中海ミバエを駆除するための応用が図られている。ツエツエバエは吸血性のハエで死と直結する「眠り病」をもたらす恐ろしい害虫だ。

原子力利用というと、とかく原子力発電などの動力利用が連想されるが、放射線利用は動力炉よりも古く、医学利用から工業利用まで、その裾野は広い。その経済規模もエネルギーの動力利用と肩を並べるまでになっている。年度によっては、エネルギー利用を凌ぐ経済規模をもたらしている。われわれは、巨額な建設費が嵩む原子力発電に目が向きがちだが、半導体や材料開発などで着実に応用範囲を広げている放射線技術にも、もっと関心をもつ必要がある。

《参考文献》

1 Asa Briggs: *A Dictionary of Twentieth Century World Biography* Oxford University Press, 1993
2 日本原子力産業会議編『原子力開発十年史』日本原子力産業会議、一九六五年
3 日本原子力産業会議編『日本の原子力』上下、日本原子力産業会議、一九七一年
4 日本原子力産業会議編『原子力は、いま』上下、中央公論事業出版、一九八六年
5 日本原子力産業会議編『原子力のあゆみ』日本原子力産業会議、二〇〇〇年
6 日本原子力学会編『原子力がひらく世紀』日本原子力学会、一九九八年
7 朝日新聞百年史編集委員会編『朝日新聞社史』昭和戦後編 朝日新聞社、一九九四年
8 読売新聞社編『読売新聞百二十年史』読売新聞社、一九九四年
9 山極晃+立花誠逸編者、岡田良之助訳『資料マンハッタン計画』大月書店、一九九三年
10 荒井信一『原爆投下への道』東京大学出版会、一九八五年
11 レオ・シラード、伏見康治+伏見諭訳『シラードの証言』みすず書房、一九八二年
12 リチャード・ローズ、神沼二真+渋谷泰一訳『原子爆弾の誕生』上下、啓学出版、一九九三年
13 S・A・ハウトスミット、山崎和夫+小沼通二訳『ナチと原爆』海鳴社、一九七七年
14 D・ホロウェイ、川上洸、松本幸重訳『スターリンと原爆』上下、大月書店、一九九七年
15 ピアズ・ポール・リード、高橋健次訳『検証チェルノブイリ刻一刻』文藝春秋、一九九四年
16 山本洋一「太平洋戦争中の日本の原子力研究」『原子力工業』日刊工業新聞社、一九五五年八月号所蔵
17 読売新聞社編『ついに太陽をとらえた』読売新聞社、一九五四年

18 読売新聞社会部「死の灰をとらえるまで」『新聞研究』一九五四年五月号所蔵
19 朝日新聞調査研究室編『原子力の利用と展望』朝日新聞社、一九五七年
20 有馬哲夫『原発・正力・CIA』新潮新書、二〇〇八年
21 佐野眞一『巨怪伝』文藝春秋、一九九四年
22 柴田秀利『戦後マスコミ回遊記』中央公論社、一九八五年
23 田島英三『ある原子物理学者の生涯』新人物往来社、一九九五年
24 白川通信「むつ問題の教訓と報道課題」『新聞研究』一九七四年一一月号所蔵
25 西堂紀一郎+ジョン・イー・グレイ『原子力の奇跡』日刊工業新聞社、一九九三年
26 北村正哉『人生八〇年』北村正哉の軌跡刊行委員会、二〇〇〇年
27 江波戸宏『検証むつ小川原の三〇年』デーリー東北新聞社、二〇〇二年
28 中村政雄『原子力と報道』中央公論新社、二〇〇四年
29 木村繁『原子の火燃ゆ』プレジデント社、一九八二年
30 エネルギー情報研究会編『社説でみるエネルギー・環境・原子力』渓声社、一九九二年
31 岩崎民子『知っていますか？　放射線の利用』丸善、二〇〇三年
32 飯高季雄「報道から見た原子力」『原子力年鑑　別巻』日本原子力産業会議、二〇〇五年
33 飯高季雄「エネルギーの世紀をふりかえる」『原子力ｅｙｅ』日刊工業新聞社、一九九九年七月号〜二〇〇四年三月号所蔵
※ページ数の制約で一部参考文献を割愛しました。

年表

注：（　）内の数字は本書の該当ページ

一八九五年一一月　ドイツ・ウルツブルグ大学の教授をしていたW・K・レントゲンがエックス線を発見（222）
一九〇三年　キュリー夫妻、放射能の研究でノーベル物理学賞
一九一一年　マリー・キュリー、ラジウムの研究でノーベル化学賞
一九三三年一月　ドイツ、ナチ党率いるアドルフ・ヒトラーが政権に就く▽九月　ユダヤ系ハンガリー人のレオ・シラード、ロンドンに亡命中、交差点の信号待ちをしているとき、核分裂の連鎖反応の可能性に考えつく（19）
一九三五年　イレーヌ・キュリーとジョリオ・キュリー、人工放射能の発見で夫妻でノーベル化学賞を受賞
一九三七年一二月　ドイツのオットー・ハーンらが核分裂を発見（21）
一九三八年　ジョリオ・キュリー、ウランに中性子を当てると核分裂を起こし、莫大なエネルギーを放出することを突き止める（67）
一九三九年八月　二日付の書簡で、シラード、アインシュタインを動かし、ルーズベルト米大統領に原爆製造を訴える（22）▽米海軍技術研究所のロス・ガン、潜水艦の動力源こそ原子力がふさわしいことを訴える
一九四一年六月　日本陸軍、理化学研究所の仁科芳雄研究室に「原爆の研究」を委託（119）▽一〇月　チャーチル英首相、ルーズベルト米大統領から原子爆弾の共同開発の提案を受ける

が、「得るものより失うものが多い」として拒否（85）

一九四二年七月　日本海軍、「核物理応用研究委員会」を設ける（119）▽九月　レズリー・グローブズ、原子爆弾製造計画（マンハッタン計画）の責任者に指名される（42）▽一二月二日　フェルミ、シカゴ大学での原子炉の臨界に成功（39）

一九四五年五月　ドイツ・ベルリンの陥落で欧州戦線が終結▽七月一六日　米、ニューメキシコ州の砂漠で史上初の原爆実験（41）▽八月　広島と長崎に原爆投下される▽一〇月　仏ドゴール首相、原子力庁を創設（69）

一九四九年九月二三日　ソ連、中央アジアの砂漠で初の核実験

一九五二年四月二八日　講和条約発効、日本、真の独立国へ▽一〇月　英国、核実験に成功▽一一月　武谷三男・立教大学教授、『改造』一一月号で原子力研究を進めに当たっての基本原則を発表。「民主・自主・公開」を提示（127）▽カナダ原子力公社（ＡＥＣＬ）が創設される

一九五三年一月　世界初の原子力潜水艦「ノーチラス号」が進水（51）▽一二月八日　アイゼンハワー米大統領、国連総会で「平和のための原子力」を提唱（57、95、125）

一九五四年三月三日　自由・改進・日本自由の保守三党、二億五〇〇〇万円の原子力予算を提出（三月四日衆院通過、133）▽三月一五日　静岡県焼津港に帰港したマグロ漁船「第五福竜丸」が三月一日、南太平洋のビキニ環礁で米の水爆実験に遭遇、乗組員二三人全員が被ばくしていたことが判明（174）▽四月二三日　日本学術会議、原子力研究開発に関し、「自主」「民主」「公開」の三原則を決定（126）▽六月二七日　ソ連、オブニンスクで原

子力発電所の運転を開始（五〇〇〇キロワット、83、103）▽米の昆虫学者ニップリング、ベネズエラ近海のオランダ領キュラソー島で、不妊化したラセンウジバエを空から放出、成果を上げる（236）

一九五五年一月一七日　ハイマン・ジョージ・リコーバー、世界初の原子力潜水艦「ノーチラス号」の試運転に成功（51）▽八月八日　国連主催の第一回原子力平和利用国際会議がジュネーブで開催される（121）▽秋の新聞週間の代表標語に「新聞は世界平和の原子力」が選ばれる（183）

一九五六年一月一日　原子力委員会発足（128）▽三月一日　日本原子力産業会議発足（133）▽五月一九日　科学技術庁（現文部科学省）発足▽六月一五日　日本原子力研究所が発足▽一〇月一七日　エリザベス女王の出席の下、英国でコールダーホール型一号機の完成祝賀式を挙行（83）

一九五七年七月二九日　国際原子力機関（ＩＡＥＡ）発足▽八月二七日　わが国初の研究炉であるＪＲＲ１が臨界、原子の火がともる（144）▽一一月一日　日本原子力発電会社が発足（148）▽一二月一八日　リコーバー、加圧水型軽水炉（ＰＷＲ）を動力炉とする世界初のシッピングポート発電所（一〇万キロワット）を完成させる（52、98）

一九五九年七月三一日　原子力委員会、英国炉コールダーホール改良型炉の安全問題で討論会を開催（157）▽一二月一九日　世界最初の原子力船「レーニン号」が就航（60）

一九六〇年二月　仏、サハラ砂漠で核実験に成功。四番目の核保有国へ▽七月四日　ＧＥ（ゼネラル・エレクトリック社）、ＢＷＲ（沸騰型軽水炉）としては初のドレスデン一号機を運

転開始（99）
一九六二年八月　米の原子力船「サバンナ号」が処女航海
一九六六年七月二五日　日本原子力発電のコールダーホール型原子力発電所が営業運転入り（149）
一九六八年一月九日　サウジアラビア、クウェート、リビア三国、アラブ石油輸出国機構（OAPEC）を結成▽一二月　西ドイツの原子力船「オットー・ハーン」が就航（64）▽総理府が原子力開発について世論調査。平和利用に積極賛成が五八％で反対は三％
一九六九年七月　米のアポロ一一号が人類初の月面着陸に成功▽一二月一日　オイスター・クリーク原子力発電所の運転入りで、米国は原子力発電ブームに（101）
一九七二年八月二九日　厚生省、ジャガイモの発芽防止に放射線照射することを食品衛生法に基づいて認可
一九七三年一月六日　クウェート議会、「石油をイスラエルに対する武器とすること」を決議▽一〇月六日　第四次中東戦争の勃発により石油危機が発生（第一次石油危機）
一九七四年九月一日　原子力船「むつ」、出力上昇試験中に放射線漏れ事故（191）▽一一月　国際エネルギー機関（IEA）発足▽米、エネルギーの機構改革。原子力委員会を廃止し、エネルギー研究開発局（ERDA）と原子力規制委員会（NRC）を発足させる
一九七九年一月　イラン革命を引き金に第二次石油危機起こる▽三月二八日　米スリーマイル島原子力発電所二号機で冷却材喪失事故（196）▽六月　東京サミット、原子力発電の導入など石油代替エネルギーの開発強化を盛り込んだ東京宣言を採択▽八月　原子力委、CANDU炉導入の積極的理由なしと、通産省の計画を否定（151）

一九八〇年　FAO（国連食糧農業機関）、WHO（世界保健機関）、IAEA（国際原子力機関）の三国際機関、食品照射について「一〇キログレイ以下の放射線量であれば、毒性はおろか、いかなる栄養学的、微生物学的問題も発生しない」と発表

一九八二年三月　一九八一年度の発電実績で原子力発電が初めて水力発電を抜く

一九八四年七月二七日　電気事業連合会、ウラン濃縮、再処理、低レベル放射性廃棄物貯蔵三施設の立地を青森県六ヶ所村に正式要請（168）

一九八六年四月二六日　ウクライナ（旧ソ連）のチェルノブイリ原子力発電所四号機で史上最大規模の事故が発生（200）

一九八七年一一月　イタリアで原子力発電の国民投票。運転中4基は停止、建設中2基は中止（208）

一九九三年一〇月　不妊化ウリミバエの放出による沖縄県からのウリミバエ根絶が確認される（237）

一九九九年九月三〇日　茨城県東海村にある核燃料加工会社ジェー・シー・オーで初の臨界事故（213）

〔著者略歴〕

飯高　季雄（いいたか　すえお）

1944年生まれ。ジャーナリスト。
1977年、日本原子力産業会議に入り、『原子力産業新聞』、『ニュークレオニクス・ウィーク日本版』編集長など。

次世代に伝えたい
原子力重大事件＆エピソード

NDC539

2010年３月25日　初版１刷発行
2011年５月６日　初版４刷発行

（定価はカバーに表示されております。）

©著　者　飯　高　季　雄
発行者　井　水　治　博
発行所　日刊工業新聞社

〒103-8548　東京都中央区日本橋小網町14-1
電話　書籍編集部　03-5644-7490
　　　販売・管理部　03-5644-7410
　　　FAX　03-5644-7400
振替口座　00190-2-186076
URL　http://pub.nikkan.co.jp/
e-mail　info@media.nikkan.co.jp

印刷・製本　新日本印刷株式会社

落丁・乱丁本はお取り替えいたします。　2010　Printed in Japan

ISBN 978-4-526-06433-3